服装高等教育"十二五"部委级规划教材（本科）

U0259168

新编鞋靴设计与表现

王小雷　著

中国纺织出版社

服装高等教育"十二五"部委级规划教材（本科）

内 容 提 要

本书从鞋靴的创意与造型基本概念入手，全面系统地介绍了鞋靴造型表现的方法、目的及用途等，对鞋靴设计的艺术做了完整的阐述。全书九章，包括鞋靴设计的创意来源、设计环节、生产过程，技法表现包括鞋靴设计的基础知识、不同材料以及不同工具等。为了体现本书的实用价值，还介绍了计算机软件的绘图方法和工厂的生产流程，并附有大量国内外优秀鞋靴的设计及表现范例。同时，本书还根据专业特点，将鞋靴的表现技法、设计以及设计运用等相关环节有机结合，使其形成一个完善的教学整体，方便读者系统化地学习。

本书主要用作鞋类设计专业教材，也可供鞋靴设计爱好者自学参考使用。

图书在版编目（CIP）数据

新编鞋靴设计与表现 / 王小雷著. --北京：中国纺织出版社，2014.5

服装高等教育"十二五"部委级规划教材. 本科

ISBN 978-7-5180-0359-4

Ⅰ．①新… Ⅱ．①王… Ⅲ．①鞋－设计－高等学校－教材 Ⅳ.①TS943.2

中国版本图书馆CIP数据核字（2014）第002869号

策划编辑：张 程　　责任编辑：宗 静　　责任校对：楼旭红
责任设计：何 建　　责任印制：储志伟

中国纺织出版社出版发行
地址：北京市朝阳区百子湾东里A407号楼　邮政编码：100124
销售电话：010—87155894　传真：010—87155801
http：//www.c-textilep.com
E-mail：faxing@c-textilep.com
官方微博http：//weibo.com/2119887771
北京通天印刷有限责任公司印刷　各地新华书店经销
2014年5月第1版第1次印刷
开本：889×1194　1/16　印张：8.5
字数：90千字　定价：45.00元

凡购本书，如有缺页、倒页、脱页，由本社图书营销中心调换

出版者的话

《国家中长期教育改革和发展规划纲要》中提出"全面提高高等教育质量","提高人才培养质量"。教高[2007]1号文件"关于实施高等学校本科教学质量与教学改革工程的意见"中，明确了"继续推进国家精品课程建设"，"积极推进网络教育资源开发和共享平台建设，建设面向全国高校的精品课程和立体化教材的数字化资源中心"，对高等教育教材的质量和立体化模式都提出了更高、更具体的要求。

"着力培养信念执著、品德优良、知识丰富、本领过硬的高素质专门人才和拔尖创新人才"，已成为当今本科教育的主题。教材建设作为教学的重要组成部分，如何适应新形势下我国教学改革要求，配合教育部"卓越工程师教育培养计划"的实施，满足应用型人才培养的需要，在人才培养中发挥作用，成为院校和出版人共同努力的目标。中国纺织服装教育协会协同中国纺织出版社，认真组织制订"十二五"部委级教材规划，组织专家对各院校上报的"十二五"规划教材选题进行认真评选，力求使教材出版与教学改革和课程建设发展相适应，充分体现教材的适用性、科学性、系统性和新颖性，使教材内容具有以下三个特点：

（1）围绕一个核心——育人目标。根据教育规律和课程设置特点，从提高学生分析问题、解决问题的能力入手，教材附有课程设置指导，并于章首介绍本章知识点、重点、难点及专业技能，增加相关学科的最新研究理论、研究热点或历史背景，章后附形式多样的思考题等，提高教材的可读性，增加学生学习兴趣和自学能力，提升学生科技素养和人文素养。

（2）突出一个环节——实践环节。教材出版突出应用性学科的特点，注重理论与生产实践的结合，有针对性地设置教材内容，增加实践、实验内容，并通过多媒体等形式，直观反映生产实践的最新成果。

（3）实现一个立体——开发立体化教材体系。充分利用现代教育技术手段，构建数字教育资源平台，开发教学课件、音像制品、素材库、试题库等多种立体化的配套教材，以直观的形式和丰富的表达充分展现教学内容。

教材出版是教育发展中的重要组成部分，为出版高质量的教材，出版社严格甄选作者，组织专家评审，并对出版全过程进行跟踪，及时了解教材编写进度、编写质量，力求做到作者权威、编辑专业、审读严格、精品出版。我们愿与院校一起，共同探讨、完善教材出版，不断推出精品教材，以适应我国高等教育的发展要求。

中国纺织出版社
教材出版中心

前言

　　创意与造型是鞋靴设计过程中的重要环节，鞋靴从初始的设计到设计的完善以及设计的表达等均离不开创意造型，因此它是一名学习者必须具备的学习手法，也是一名合格鞋靴设计师必备的技能。

　　全书共分九章，通过大量的鞋靴款式创意设计和优秀的作品搜集，在原有版本基础上注入更多新鲜的血液。其特色突出体现在以下几个方面：首先，突出强调该书的实用性，通过大量的步骤图，使学生能够清晰地了解和掌握鞋靴绘制的基本常识，简便易学。其次，为适应高速发展的数字化技术，使学习者能够更好地了解鞋靴的生产流程，加强实践能力，新编版着重强化了鞋靴计算机软件绘图表现和鞋靴的设计过程以及生产过程。做到在学习基础知识和掌握传统技法的同时，跟紧时代步伐，以此平衡不同的教学点。第三，本教材重点突出了系统性、全面性，将鞋靴的创意与造型和鞋靴的设计加以综合并且分析细化，并通过大量的实例进行讲解，使读者学完之后可以解决如何看、如何分析、如何实践等问题。

　　本书有着较强的实践性，且在实际教学过程中经过反复修改，在我校已经形成一套完整、综合的教学模式，使具有不同程度专业知识的学习者都能从中受益。本书在编写中得到了业界朋友的大力帮助，在此表示感谢，同时要感谢赵靓、程哲、李鑫、朱玉林、严梦成、陈青、魏馨等同学的大力协助。

王小雷

2013年7月9日

目　录

鞋靴设计的图与画

课题内容： 1．设计表现的基本概念

           2．表现图的特征

           3．常用工具

课题时间： 3课时

教学要求： 1．使学生初步理解鞋靴设计表现的基本概念和作

           用。

           2．使学生了解鞋靴的结构和基本特征。

课前准备： 教师强调鞋靴设计的表现手法和准备工具。

第一章 鞋靴设计的图与画

第一节 设计表现的基本概念

一、鞋靴设计表现图的定义

运用线条、色彩、明暗等相关造型要素，形象地展现鞋靴的款式、质感、结构以及工艺特征等方面的设计图稿。鞋靴设计表现图是设计师对鞋靴立体形象的平面表达，是传达设计意图的技术语言，具有直观、经济、明确的特点。

二、鞋靴设计表现图的分类

根据不同的设计目的及表现手法，通常将表现图划分为设计构思图、设计效果图、结构图以及三维模拟图（图1-1、图1-2）。

1. 设计构思图

设计构思图主要用于鞋靴创作灵感以及设计资讯的记录，表现的形式简洁、实用。关键部位可独立放大成图，并可配合文字加以解说，常用于产品的前期开发阶段。

2. 设计效果图

设计效果图是一种常用的产品设计表现图。它不仅能清晰地体现设计师的设计意图，反映产品的结构、材料、功能等特点，同时还为各部门对产品的评介工作提供了一个全面的信息平台，是产品设计的深化阶段。

3. 结构图

结构图强调产品的生产性及工艺性。作为指导打板师打样以及小样工缝制的依据，结构图必须线条清晰、比例正确，并要求绘制出产品的每一个细节，包括缝合线、马克线等。

4. 三维模拟图

三维模拟图主要通过数字技术多角度、全方位地展示产品特点，以及产品与人之间的配伍状况。

图1-1 制鞋业

图1-2 效果图

三、鞋靴设计表现图的作用

鞋靴设计图能形象、直观地表现鞋靴的款式造型、色彩、材质以及局部装饰、整体搭配等特点，具有较强的实用性（图1-3）。其作用具体体现在以下几个方面：

1. **收集信息**

选择恰当的方式来收集、整理来自各方面的设计信息、潮流动态对于设计师而言非常关键。图稿的形式具有简洁、直观的特点，可以弥补文字、语言表达的不足。

2. **记录构思**

可以不受时空的限制，随时随地用图或图文的形式记录自己的设计想法。

3. **激发灵感**

设计表现图不是设计的简单再现，在表现过程中融入设计师的创作激情及艺术感召力，激发了创作灵感，是一个二次设计的过程。

4. **设计表达**

鞋靴的设计、开发是一个群策群力的工作，一幅高质量的表现图不仅能体现设计师的设计意图，同时还为工艺生产、市场销售等相关部门搭建了一个相互交流、完善设计的平台，使产品开发的工作效率得到提高。

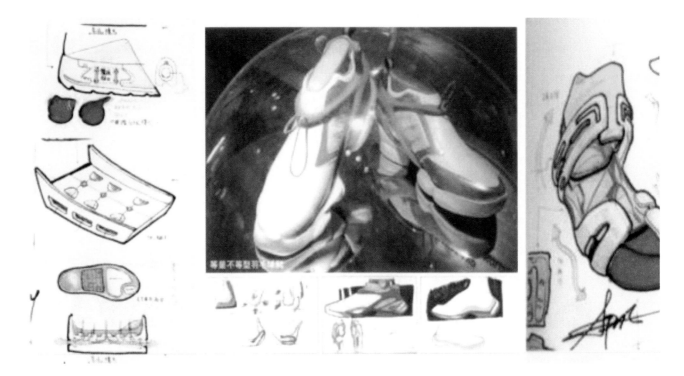

图1-3　设计图（作者：Simon APRIL）

第二节　表现图的特征

一、科学性

鞋靴表现图是表现鞋靴的设计及穿着效果，因此必须以人体结构为基本依据，了解脚的生理与运动机能，满足人体功能学的基本要求，符合鞋靴造型的基本规律（图1-4～图1-6）。

图1-4　鞋靴部位名称一

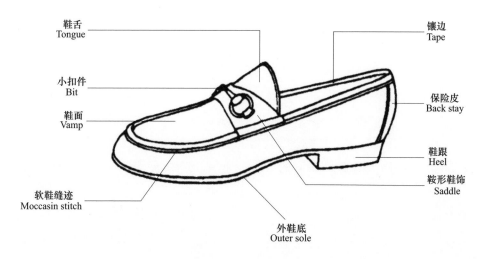

图1-5　鞋靴部位名称二

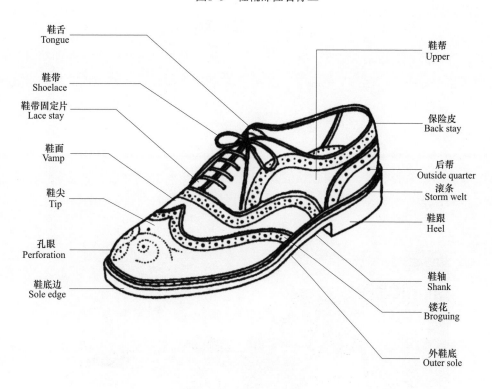

图1-6　鞋靴部位名称三

二、技术性

产品的设计既要符合人体运动的基本规律，又要符合鞋靴的结构和工艺原理，包括不同部位的组合比例、材料配伍以及缝制工艺等。

三、艺术性

鞋靴表现图作为绘画大家族中的一员，必须遵循美的一般规律，使产品的设计与表现具有一定的艺术价值，并能根据不同材料、工艺特点选择不同的表现语言。

四、商业性

鞋靴表现图要求真实地反映设计师的设计意图，在具有艺术表现力的同时，还必须使设计紧跟时代潮流、满足市场的需求，做到美观与实用相结合。

第三节　常用工具

一、纸张

通常可根据表现图的不同类型来选择不同的纸张。强调鞋靴的材料特征以及色彩效果的可选用水粉纸、水彩纸以及素描纸，它们可配合相关工具进行深入地刻画，通常用于效果图的表现；快速记录设计构思则可用普通的速写纸或复印纸，它们方便快捷，能抓住稍纵即逝的创作灵感；为彰显个性、展示作品的不同风格，可选用特殊类型的肌理纸、底纹纸等。例如，有色纸的纸面光华结实、并有不同的颜色，能使产品很好地统一在一个色调中，因此非常适合系列化产品的表现。

二、笔

鞋靴表现图的绘图用笔非常多，主要包括表现产品轮廓造型的各类铅笔、钢笔，它们粗细、软硬有别，可根据需要进行不同选择。使用简便的各类硬质色彩工具，如马克笔、彩色铅笔、色粉笔等，它们都具有方便快捷、易于掌握的特点；毛笔类包括各种水彩笔、水粉笔等，它们通常配伍各自的颜料，以充分发挥其特性。其中，毛笔类工具的表达语言最为丰富，表现力也最强，对技巧掌握的要求也最高。

三、颜料

最常用的是水粉、水彩两种颜料。水粉颜料属于非透明性颜料，具有较强的覆盖力及表现力，特别适合于材料肌理的表现，在厚重材料的表现中尤为突出，如粗纺产品、麂皮产品以及羊羔毛的表现等；水彩颜料属于透明性颜料，具有明快、透亮的特点。它以水为媒介进行色彩调配，覆盖力较差，适合轻薄型材料以及花色面料的表现（图1-7）。

图1-7　常用绘图工具

课后练习：

1．请找出你所感兴趣的鞋靴设计表现图，并阐述其设计理念。

2．如何理解鞋靴的艺术性？

构思图的表现方法

课题内容：1．基本步骤

2．线描稿的表现

3．调子稿的表现

课题时间：9课时

教学要求：1．使学生能够了解构思的设计过程，掌握鞋靴设计的基本表现方法。

2．使学生掌握自我分析常用的表现技法。

课前准备：教师准备好鞋靴设计表现步骤的图片示例。

第二章 构思图的表现方法

第一节 基本步骤

一、定义

　　鞋靴设计构思图又可称为鞋靴设计速写，能清晰地体现鞋靴的造型、色彩、结构等设计要素，具有方便、快捷、有效的特点。表现程序上本着先造型后上色的基本原则，造型工具以铅笔、钢笔为主，色彩表现主要有马克笔、彩铅、色粉笔等便于使用的硬笔工具。

二、目的

　　鞋靴设计构思图是产品资料收集、概念设计和构思的主要表现形式，其内容包括产品的外形特征、结构分析、功能说明、尺度、材料以及色彩倾向等各方面。

三、鞋靴构思图步骤

　　鞋靴构思图步骤如图2-1～图2-5所示。

　　（1）在纸上画一水平直线，并截取一定长度，表示鞋长。

　　（2）用平滑的曲线画出前、后跷线以及后跟弧线。

　　（3）画出鞋口、鞋面及鞋头。

　　（4）画出鞋底及鞋跟。

　　（5）画出鞋子分割线、马克线以及配件等局部装饰工艺。

　　（6）用较粗的线条画出鞋子结构中的阴影线，突出鞋子的立体感。

　　（7）用马克笔等工具表现出鞋子的色彩关系。

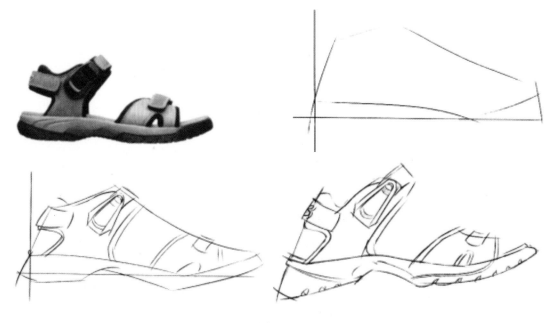

图2-1

图2-1 鞋子画法步骤图例一

图2-2 鞋子画法步骤图例二

图2-3　鞋子画法步骤图例三

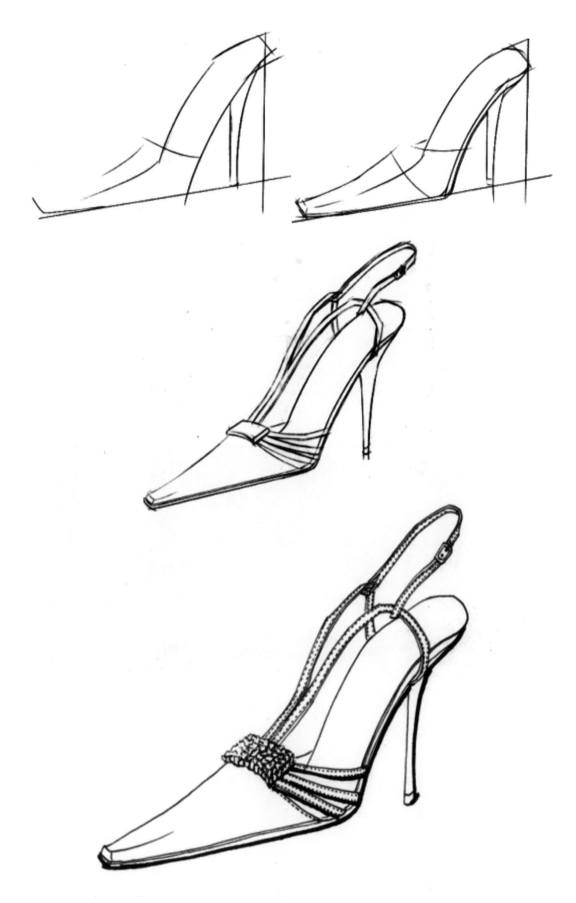

图2-4 鞋子画法步骤图例四

图2-5　鞋子画法步骤图例五

第二节　线描稿的表现

一、铅笔稿

设计速写中的线条主要有粗细变化、快慢变化、轻重变化、虚实变化等。铅笔匀线的用线平滑、粗细一致，能明确地表达不同款式的结构、样式甚至材料特征，是鞋靴设计速写中最常用、最简便的表现手法，具有方便快捷、宜于修改等特点。一般可选择硬度适中的HB或B型铅笔为宜，也可使用圆杆铅笔、自动铅笔等（图2-6～图2-8）。

图2-6 鞋子铅笔稿图例一

图2-7　鞋子铅笔稿图例二

图2-8　鞋子铅笔稿图例三

二、钢笔稿

　　采用单一的钢笔线条对鞋靴的描绘，是鞋靴设计速写中最常用、最简便的表现手法，具有方便快捷、易于掌握等特点。由于钢笔工具不便于修改，画线时须尽量一笔到位，不要出现断线和碎线、不要重复用笔，以避免造成对象形态、结构松散（图2-9～图2-11）。

图2-9　鞋子钢笔稿图例一

图2-10 鞋子钢笔稿图例二

图2-11 鞋子钢笔稿图例三

第三节 调子稿的表现

一、黑白调子稿

黑白调子稿是采用黑、白、灰的形式对鞋靴的描绘，是对线描稿的完善与补充。黑白调子稿通过弱化色彩形态，来达到进一步强调对象的形体结构以及空间关系的目的，同时它也是鞋靴表现图由单线形式到色彩形式之间的一个过渡阶段。

1. 马克笔

由于是设计构思图，通常只用购买三支左右不同深浅的灰色调马克笔即可。先用浅灰色画出基本调子，然后根据对象的光影关系，用其他深色系逐步完善，使鞋靴的体积感得到加强（图2-12～图2-14）。

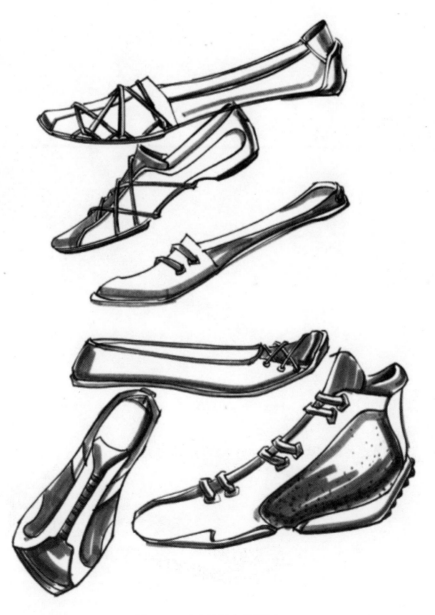

图2-12 马克笔黑白稿图例一

图2-13　马克笔黑白稿图例二

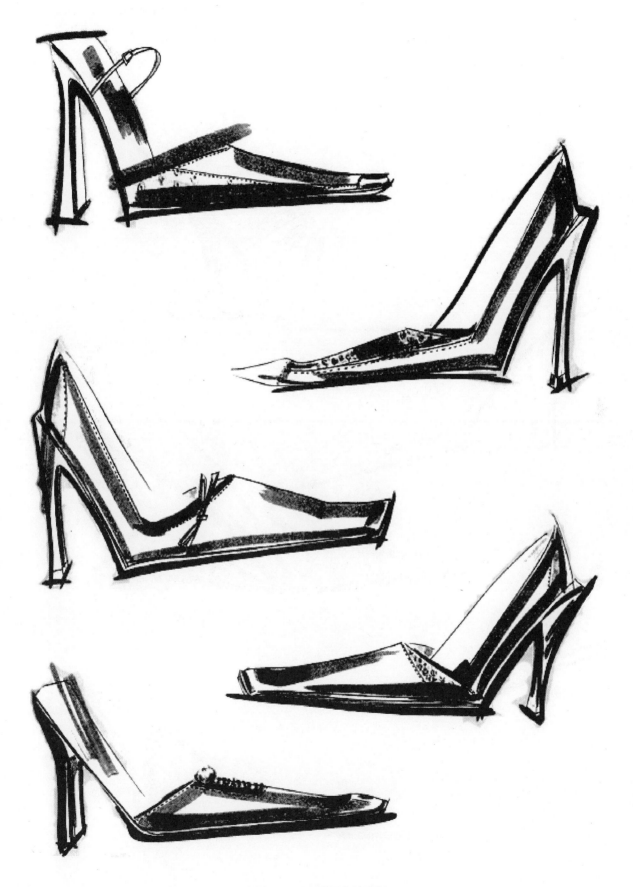

图2-14　马克笔黑白稿图例三

2. 毛笔

毛笔的表现语言最为丰富，一般可选2～3支不同规格的圆头狼毫水彩笔。"墨分五色"，墨的深浅变化主要通过水分的多少来调节，可用较浅的墨色先画出基本的调子关系，然后再逐步加深（图2-15、图2-16）。

图2-15 毛笔黑白稿图例一

图2-16 毛笔黑白稿图例二

二、彩色调子稿

它是在线描稿的基础上，运用马克笔、粉笔以及彩色铅笔等工具丰富鞋靴的外观形态，体现鞋靴的彩色关系及流行趋势。

1. 马克笔

在确定好设计稿的基础上，通过平涂的手法表现出鞋靴各部位的基础色调；然后上第二遍色来增加鞋靴的立体感；最后是色彩的细节处理及各层次的深入刻画（图2-17）。

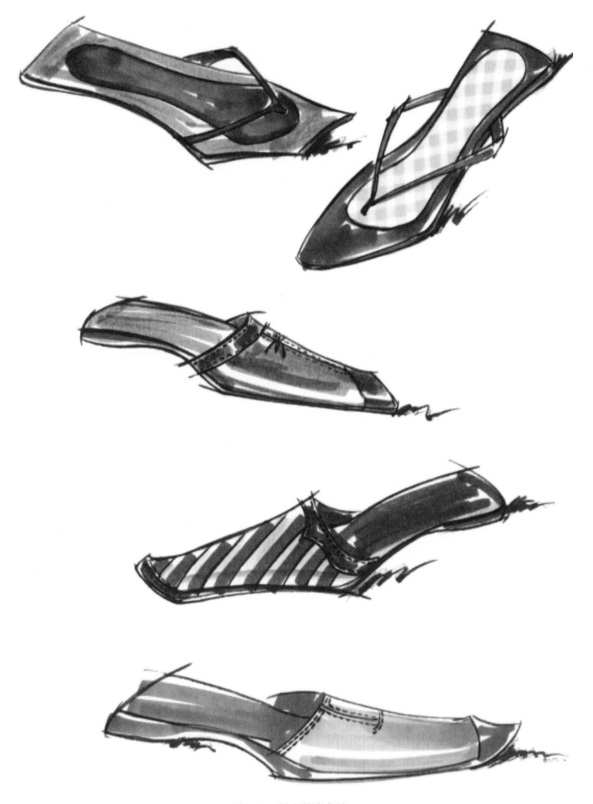

图2-17　马克笔彩色稿

2. 彩色铅笔

彩色铅笔具有颜色丰富、表现力强、携带方便

等特点。使用方法与铅笔类同，便于操作，因此非常适合鞋靴设计构思图的表现（图2-18）。

图2-18 彩色铅笔稿

课后练习：

1. 绘制鞋靴的线描稿。

2. 绘制鞋靴的色调稿。

效果图的表现方法

课题内容： 1. 硬笔效果图的表现
 2. 软笔效果图的表现
 3. 淡彩的表现

课题时间： 12课时

教学要求： 1. 使学生充分掌握彩色铅笔、马克笔、水粉、水彩
 的基本绘图步骤和方法。

 2. 使学生在绘图的过程中逐步深入。

课前准备： 教师准备好材料、工具为学生做示范。

第三章　效果图的表现方法

第一节　硬笔效果图的表现

一、彩色铅笔表现技法

彩色铅笔分为普通彩色铅笔和水溶性彩色铅笔两种。普通彩铅的使用方法与铅笔类似；水溶性彩色铅笔则可以水为媒介，使颜色之间相互交融调配。彩色铅笔主要靠运笔的力量画出色调深浅，因此设计师对调子的细微变化和层次把握也较为容易，这些特点有利于写实性较强的鞋靴效果图的表现（图3-1、图3-2）。

表现步骤如下：

1. **款式设计图**

用HB铅笔画出鞋靴款式图，包括鞋靴的造型线、结构线以及装饰配件等，每个部位的表现必须清晰明确。水溶性彩铅以水为媒介，故通常选用吸水性较好的素描纸、水彩纸。

2. **第一遍色**

根据设计构思，找准鞋靴的色彩倾向，重点表现材料的基本色调。在上色过程中颜色应逐步加深，用笔要协调有序，每笔间隙应排列均匀。

3. **第二遍色**

在第一遍色的基础上，对明暗交界线及阴影部分的色调进行进一步描绘，使鞋靴的体积感得到加强。在表现的过程中必须注意画面整体感的把握，避免出现层次的混乱现象。

4. **深入刻画与调整**

重点表现鞋靴的材质特点以及结构线、马克线、钩襻等局部装饰。同时还可用钢笔粗细线来刻画鞋靴的造型，使画面效果得到进一步加强。

图3-1　彩色铅笔表现技法步骤图例（作者：申志卫）

图3-2 彩色铅笔表现技法图例

二、马克笔表现技法

马克笔分为水性与油性两种，从绘画角度而言两者并没有本质的区别。作为一种硬笔色彩工具，马克笔具有简便快捷等特点，但不易修改，而且缺乏调和性，因此要充分掌握其性能，必须通过系统的训练（图3-3～图3-6）。

表现步骤如下：

1. 款式设计图

用HB铅笔画出鞋靴款式图。

2. 第一遍色

首先分析鞋靴的调子特点，找出明暗交界线、受光面、背光面以及高光等部位。在绘制过程中，

为了避免用笔出界，必须根据鞋靴的结构特点将其划分成不同区域，无须表现的区域暂时可用白纸覆盖，然后每个区域逐步完成。用笔要干净利落，避免重复用笔，同时还要注意光源的一致性。

3. 第二遍色

可根据具体情况添加第二遍色。一般过渡自然的地方可在第一遍色未干时进行，而如果是明暗交界线等较深部位，则需等第一遍色干透后再画第二遍色。

4. 深入刻画与调整

对画面进行整体调整，并借用水粉颜料对高光以及局部轮廓进行深入刻画，最后用钢笔或毛笔画出鞋靴的造型线。

图3-3　马克笔表现技法步骤图例一

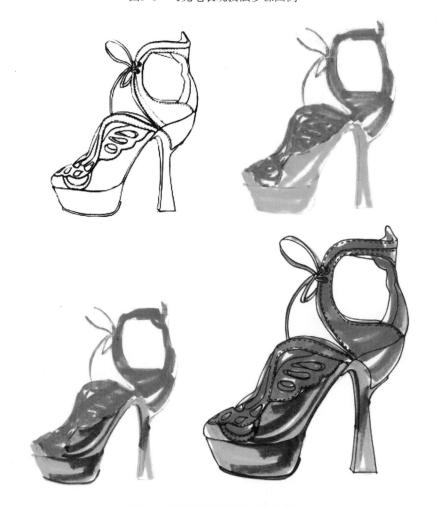

图3-4　马克笔表现技法步骤图例二

图3-5　马克笔表现技法步骤图例三

图3-6　马克笔表现技法图例

第二节　软笔效果图的表现

一、水粉表现技法

水粉颜料的特点是不透明、覆盖力强，可以多次涂色修改，具有较强的表现力。通常的表现方法是从明暗交界线等较深部位入手，通过增加白色逐步向亮面过渡。但效果图的表现有别于水粉写生，可根据具体情况作适当调整，如先表现中间色调然后再画亮面和暗面，这样更有利于整体色调的把握。水粉技法分为薄画法和厚画法两种。薄画法颜料较薄、用水较多，具有水彩效果；厚画法笔上含水少，含色多，能充分表现对象（图3-7、图3-8）。

表现步骤如下：

1. 款式设计图

用HB铅笔画出鞋靴款式图。由于水粉颜料具有较强的覆盖力，被覆盖的铅笔稿必要时须重新描绘。

2. 第一遍色

对鞋靴的色彩进行概括提炼，用笔简洁、整体地表现出鞋靴的基本色。第一遍色的表现不必太厚，也不用考虑光源色以及反光等。

3. 第二遍色

待第一遍色干后，用简练的笔法画出明暗交界线，使鞋靴的体积感得到加强。并通过添加白色来表现受光面，受光面的描绘是水粉画技法的表现重点，通过色彩的干湿变化以及丰富的笔触表现，使得鞋靴的表面效果更加精彩。

4. 深入刻画与调整

可对材料的肌理特征以及鞋靴的造型、结构线、马克线、局部装饰等做深入地刻画。

图3-7

图3-7　水粉表现技法步骤图例

图3-8

图3-8　水粉表现技法图例

二、水彩表现技法

　　水彩颜料透明，覆盖力弱且不易修改，因此水彩的作画步骤是由浅到深。水彩对技法的掌握要求较高，笔中的含水量、画面的干湿程度以及运笔的技巧等都是其技法要素。水彩的表现技法分为干画法和湿画法两种，可根据表现对象的材料特性选择，画笔以圆头狼毫水彩笔为佳（图3-9、图3-10）。

　　表现步骤如下：

1. 款式设计图

　　水彩技法对鞋靴款式设计图的要求较高，铅笔的使用要轻，尽量少用橡皮，以免纸张起毛影响绘制效果。

2. 第一遍色

　　水彩技法不宜修改，着色之前应做深入细致的色彩观察，弄清光源的方向、高光的位置以及色彩的倾向，并根据对象的特点来灵活制定着色步骤，做到胸有成竹。上第一遍色时水分宜饱和、用笔宜大、用色宜薄，不可贪多求细，表现出基本色调即可。

3. 第二遍色

　　通常比较自然、柔和的过渡面可在颜色尚未干透的前提下添加，如果是比较突出的转折面，则需要等颜色干透后再处理，这样表现效果会更加明确。

4. 深入刻画与调整

　　作为水彩表现技法的最后阶段，其主要任务是对绘画对象进行深入细致的描绘，包括鞋靴局部的造型、材质的肌理、缝制的线迹等。并可利用水粉颜料较强的覆盖力来表现鞋靴的高光部分。

图3-9　水彩表现技法步骤图例

图3-10　水彩表现技法图例

第三节 淡彩的表现

一、铅笔淡彩表现技法

铅笔淡彩表现技法是在铅笔线描稿的基础上，用水彩颜料或透明水色在画面上轻薄晕染，无须更多的层次与色彩关系。这种方法在设计表现图中经常使用，它方便快捷、容易表现效果，是色彩稿练习的基础（图3-11～图3-13）。

表现步骤如下：

1. 款式设计图

先用铅笔画好初始款式图稿，注意不要画得太深，以免在之后的上色过程中显得脏乱。对鞋靴的每一个细小环节都必须认真完成，包括缝缉线、装饰物等。

2. 第一遍色

选择透明度较好的颜料，画出主体色，注意高光留白。水分以及时间的把握是两个关键要素。用笔要简练概括，每一笔的色彩必须饱满，避免出现中途断笔的现象，高光以及一些色彩过渡的地方是表现的重点、难点。

3. 第二遍色

在第一遍色的基础上，用较深的色彩表现鞋靴的阴影部分。淡彩表现技法追求简洁明快的画面效果，因此表现的层次不必复杂。

4. 深入刻画与调整

重点表现各部位的细微特点，用笔要简洁利落、笔触清晰。着色后的款式设计图稿会被弱化，必要时可用铅笔进行再次加深处理。

图3-11 铅笔淡彩表现技法步骤图例

图3-12　铅笔淡彩表现技法图例一

图3-13　铅笔淡彩表现技法图例二（作者：圣托尼）

二、钢笔淡彩表现技法

它是在钢笔线描稿的基础上，用水彩颜料或透明水色表现的一种技法，是色彩稿练习的基础（图3-14）。

表现步骤如下：

1. 款式设计图

用钢笔勾画出鞋靴款式图样，包括鞋靴的缝缉线、装饰物等。

2. 第一遍色

淡彩在表现技巧上更趋向水彩特征，水分以及时间的把握是两个关键要素。用笔要简练概括，控制好颜色的饱和度，避免出现中途断笔的现象，高光以及一些色彩过渡的地方是表现的重点、难点。

3. 第二遍色

在第一遍色的基础上，用较深的色彩表现鞋靴的阴影部分，尽量减少修补次数，把明暗交界线的边缘表达明确。淡彩表现技法追求简洁明快的画面效果，因此表现的层次不必复杂。

4. 深入刻画与调整

用钢笔重新勾勒款式设计图，重点表现各部位的细微特点，用笔要简洁利落、笔触清晰。

图3-14 钢笔技法表现技法步骤图例

课后练习：

使用硬笔、软笔的方法表现鞋靴设计图。

材料分析与表现

课题内容：1. 常用鞋材肌理的表现

2. 其他材料肌理的表现

3. 局部刻画与表现

课题时间：9课时

教学要求：1. 使学生掌握如何表现各种不同皮质材料的鞋靴设计。

2. 使学生掌握鞋靴设计局部细节的刻画。

课前准备：教师收集充足的图片资料，或准备实物讲授设计方法。

第四章 材料分析与表现

第一节 常用鞋材肌理的表现

一、正面革

正面革是日常生活中使用最多的制鞋材料，通过不同的工艺处理能够呈现出多种外观效果。正面革的调子变化自然、柔和，没有膘光感，能很好地体现材料的质感特点，给人以典雅、稳健之感，适合于不同工具的表现（图4-1）。

表现步骤如下：

（1）用HB铅笔画出鞋靴款式图。

（2）采用中锋用笔的形式表现鞋靴的基本色，颜料（水彩、水粉均可）厚薄适中、画面干净、整洁，同时也可采用画底色的形式表现鞋靴的基本色调。

（3）待画面干湿恰当时表现鞋靴的阴影部分，在色彩的选择以及运笔的技巧上都应注意体现材料的外观特征。

（4）对高光、反光以及鞋靴的结构线、局部装饰等做深入地刻画。

图4-1 正面革图例

二、漆面革

　　由于漆面革的表面涂有一层光亮的装饰层，因此漆革制作的鞋靴光亮如镜。与普通皮革相比，漆面革的高光、反光要亮得多，而且面积也较大。另外调子变化的层次比较简单明确、中间色调少、明暗对比强、有明显的光感（图4-2）。

图4-2　漆面革图例

　　表现步骤如下：

　　（1）用HB铅笔画出鞋靴款式图。

　　（2）采用刷底色的方法表现出鞋靴的基本色调。

　　（3）认真分析明暗调子的分布特点，漆面革的明暗对比强烈，尤其要注意深色中的反光表现。

　　（4）画出亮部色彩以及高光。

三、磨砂革

　　通过处理后的磨砂革表面具有柔软的绒质感，其视、触觉机理都非常有特点，不同于普通的光感材料。由于磨砂革表面质地粗糙，因而没有高光，调子的明暗过渡缓慢、微妙（图4-3～图4-5）。

　　1. 湿画法表现步骤

　　（1）用HB铅笔画出鞋靴款式图。

　　（2）用清水涂抹鞋靴的磨砂革部分，待水尚未干时用较薄的颜色上第一遍色。浸过水的纸面上色后会呈现微粒状，非常接近磨砂革特有的起绒效果。

　　（3）在明暗交界线以及亮部的表现时，注意色差的变化不要过大。

图4-3 磨砂革图例一

图4-4 磨砂革图例二

图4-5 磨砂革图例三

2. 干画法表现步骤

（1）用HB铅笔画出鞋靴款式图。

（2）用笔画出鞋靴的基本色。

（3）在明暗交界线以及受光部分的表现时，磨砂革鞋靴的受光面是干画法表现的重点，可选用较干厚的颜色，配合"拖"、"撮"等不同笔法，体现磨砂革的材料特点。

四、鳄鱼皮

从整体视觉感受而言，鳄鱼皮在光泽的表现上接近漆面革。但鳄鱼皮在局部造型上却有自身特点，它是由若干个不规则的小块组成，每小块的光线变化都有自身特点，因此局部与整体的协调是表现鳄鱼皮特征的关键（图4-6、图4-7）。

表现步骤如下：

（1）用绘图铅笔画出鞋靴的造型以及较明显的鳄鱼皮纹。

（2）画出鳄鱼皮基本色调以及大的明暗关系。

（3）在色彩尚未干时表现鳄鱼皮纹，这样画面会更加自然。鳄鱼皮纹的表现是一个复杂的过程，既要有较高的表现技巧，同时又要有耐心。

（4）协调鳄鱼皮整体与局部的关系。要求既要有整体感，同时在局部的刻画上又能达到逼真的效果。

图4-6　鳄鱼皮图例一

图4-7　鳄鱼皮图例二

五、针织材料

对于织物结构紧密的机织材料而言，其特点非常明确，它柔软而富有弹性，表面的织纹也非常明显，因此针织材料的表现具有自身特点。整体中光与影的调子转换、褶皱变化以及局部细节上织纹的刻画都非常关键（图4-8）。

表现步骤如下：

（1）用绘图铅笔画出鞋靴的造型以及针织物的转折变化。

（2）用大笔画出针织物的明暗关系，尤其注意转折处的表现。

（3）湿画法可用于针织物基本色调的表现，在色彩尚未干时可表现针织物的纹路，这样画面会更加自然。

（4）对褶皱的走向以及具体的纹路进行局部刻画，使画面更加生动、逼真。

图4-8

图4-8　针织材料表现步骤图例

六、花色材料

时代的发展使得各种材料广泛应用于鞋靴生产中，花色材料尤其引人注目。它不仅成本低廉、使用方便、适应面广，而且流行性强，便于服装的整体搭配（图4-9）。

表现步骤如下：

（1）用绘图铅笔画出鞋靴的造型以及花纹的主要特点。

（2）用大笔画出织物整体的明暗关系。

（3）画出织物上的图案，可根据鞋靴的整体关系调整图案的深浅。

（4）画出鞋靴的阴影部分，使花纹与鞋靴的整体色调融为一体。

（5）局部描绘，重点突出各种花纹的主要特点。

图4-9

图4-9 花色材料表现步骤图例

第二节　其他材料肌理的表现

一、蕾丝

蕾丝是一种网状花纹织物，图案精美华丽，广泛应用于鞋靴材料。表现时必须根据鞋靴的立体造型，画出蕾丝底色的基本色调以及大的明暗关系，并在此基础上再进行局部花纹的刻画。如果没有基本色调以及大的明暗关系，蕾丝的表现会缺乏立体感，和鞋靴的立体造型出现脱离的现象（图4-10）。

二、丝绒

丝绒产品外观丰满华贵、色彩纯度高、光泽柔和艳丽，色粉笔以及水粉都是表现丝绒的理想工具。受光面、高光以及反光的表现尤为重要，色差的过渡既要有对比，同时又要自然。运笔方向须按鞋靴的结构进行，做到光滑流畅，充分体现丝绒产品的材质特点（图4-11）。

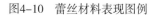

图4-10 蕾丝材料表现图例

图4-11 丝绒材料表现图例

三、牛仔材料

牛仔材料近年来广泛应用于鞋靴设计中，其粗犷的外观风格以及丰富多彩的后处理工艺使其成为鞋材新宠。常用的表现技法有蜡笔阻染法和水洗法两种，其目的主要是为了表现牛仔面料通过处理后的视觉效果。值得一提的是在表现完牛仔面料后，面料上的分割线、马克线以及装饰钉、襻的表现更为重要，它能起到画龙点睛的作用，使牛仔面料的特点更加突显（图4-12）。

四、透明材料

鞋靴上的透明材料最常见的是透明塑料，它具有较好的透视效果，新颖而富有创意。透明材料变化丰富，在光线的作用下呈现出多变的光感效果，因此整体色调的控制与表现尤为重要，否则会显得过于花哨，影响画面的整体效果。常见的表现手法是在处理好基本色调的前提下再进行亮部以及暗部的刻画，其中灰面能起到最重要的协调作用（图4-13）。

图4-13 透明面料表现图例

图4-12 牛仔材料表现图例

第三节　局部刻画与表现

一、装饰物的表现

装饰物是鞋靴的重要组成部分，有着美化鞋靴以及完善鞋靴功能的作用。鞋靴装饰物的构成材料繁多，从珠宝、各类金属到常见的纺织品、塑料等应有尽有，因此不同的材料特征成为装饰物中的表现重点，如珠宝的色泽、金属物复杂的光泽以及各类纺织品特有的材质特点等。另外，装饰物的造型一般都精美、繁杂，因此必须认真分析其形状特征，做到胸有成竹。可先画出它们的基本造型以及整体的色彩关系，然后再做深入描绘，包括高光、反光以及局部的刻画等（图4-14）。

二、扣襻的表现

扣襻具有功能性与装饰性的双重目的，在鞋靴的表现中往往能起到画龙点睛的作用。不同材料的质感特征是扣襻及配件表现中的重点，主要包括金属材料、树脂材料以及其他各类纺织品材料等（图4-15）。

图4-14　装饰物表现图例

图4-15　扣襻表现图例

1. 金属材料

金属材料易于成型、强度高、光泽度好，使其成为制作鞋靴扣襻、环链以及各类装饰物的主要材料。金属材料的外观特征非常明显，光感对比强烈、黑白反差大、过渡面平滑光洁。在表现过程中可先画出基本色调，然后表现明暗交界线以及阴影部分，重点是高光以及反光的提取。

2. 树脂材料

树脂材料卓越的物理性能、低廉的价格使其广泛应用于鞋靴的扣襻以及各类功能件中。树脂材料和金属材料在视觉肌理上有着明显的区别：光影调子的过渡自然平和，缺乏强烈的对比效果，高光以及反光的表现都显得非常含蓄。由于材料的可塑性强，通过不同加工手段处理过的树脂材料表面也会呈现出丰富的视觉效果。

课后练习：

1. 用自己的方法表现不同材质鞋靴的肌理特征。
2. 刻画局部特征。

常用计算机绘图软件的表现方法

课题内容： 1．CorelDRAW软件

2．Photoshop软件

课题时间： 16课时

教学要求： 使学生尝试用基本的绘图软件表现不同款式的鞋靴设计。

课前准备： 教师准备好多媒体软件设备进行讲述。

第五章 常用计算机绘图软件的表现方法

第一节 CorelDRAW软件

CorelDRAW绘图软件的优点在于对线的绘制及其调整。不仅在绘制鞋靴款式图线稿时能清晰地表现线条的粗细变化，而且可以轻松地填充及替换面料。本节使用CorelDRAW X5版本软件绘制。

一、图例一

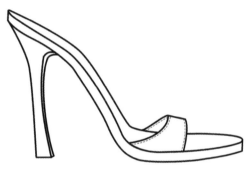

图5-1 完成图例一

如图5-1所示表现步骤如下：

1. 新建文件

点击 文件(F) 菜单，选择 ⚆ 新建(N)   Ctrl+N ，在尺寸中选择A4尺寸 A4 。

2. 绘图准备

点击左侧工具栏 ✎ ，选中贝塞尔工具 ✎ 贝塞尔(B) 。

（1）用鼠标依次单击两点，即可绘制一条直线（图5-2）。

图5-2 用贝塞尔工具绘制直线

（2）用鼠标单击一点，在点击第二点时，保持鼠标左键不松，同时拖动鼠标，即可绘制曲线（图5-3）。

图5-3 用贝塞尔工具绘制曲线

（3）连续绘制曲线到直线。绘制好曲线时，双击节点，将节点操纵杆截断。再次点击空白区域后即可接着绘制直线（图5-4）。

3. 绘制鞋底部分

用贝塞尔工具绘制鞋底图形（图5-5、图5-6），线条粗细为1mm ⌷ 1.0 mm ，图形大小为铺满A4纸张大小。

图5-4 用贝塞尔工具绘制曲线到直线

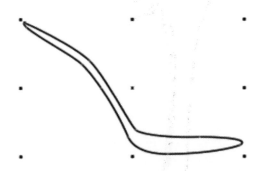

图5-5　用贝塞尔工具绘制鞋底图例一

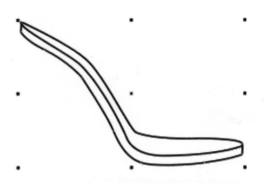

图5-6　用贝塞尔工具绘制鞋底图例二

4. 绘制鞋跟部分

用贝塞尔工具绘制鞋跟轮廓（图5-7）。

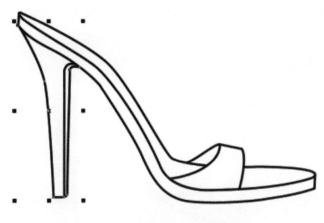

图5-7　用贝塞尔工具绘制鞋跟

5. 绘制鞋面部分

（1）先绘制后部线段（图5-8）。

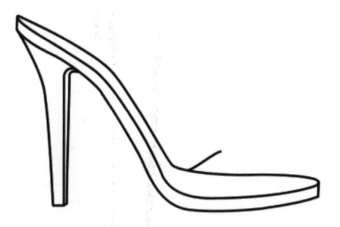

图5-8　用贝塞尔工具绘制鞋面一

（2）再单独绘制前部，注意将绘制的图形闭合。绘制好闭合的图形后，选中图形并左键点击右侧的调色板，填充白色（图5-9）。

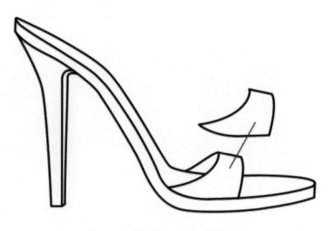

图5-9　用贝塞尔工具绘制鞋面二

6. 线的变形修改

（1）选择形状工具 🔳，来变换鞋跟形状，保持线的衔接顺畅。

（2）用鼠标点击所要变换的线段后，线段呈虚线状态，表示该线段被选中。将鼠标放置在两端三角形或方形节点处进行拖拽，即可移动该点。

（3）鼠标右键单击鞋跟部直线，出现选项对话框，选择到曲线 🔳，即可将直线变换成曲线模式。再用鼠标拖动虚线显示部分，即可移动改变曲线段的弧度（图5-10）。

如图5-11所示为变换鞋跟样式。

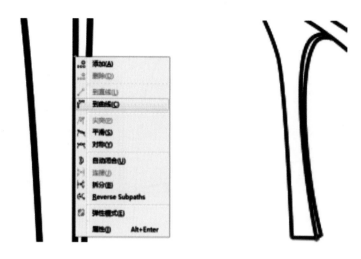

图5-10 用形状工具调整线段

图5-11 变换鞋跟样式

7. 绘制明线

（1）先用贝塞尔工具画好明线所在位置（图5-12）。

（2）用挑选工具选中线段后，改变工具栏轮廓线样式选择器，变换实线为虚线样式，线段粗细调整为0.25mm（图5-13）。

图5-12 绘制明线步骤一

图5-13 绘制明线步骤二

8. 完成稿

完成高跟鞋的绘制（图5-14）。

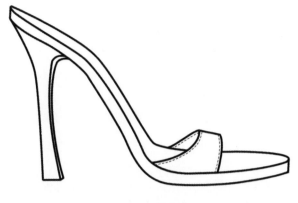

图5-14　完成图

二、图例二

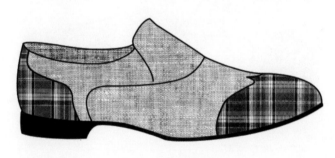

图5-15　完成图例二

如图5-15所示表现步骤如下：

1. 新建文件

点击 文件(F) 菜单，选择 新建(N)　　　Ctrl+N ，在尺寸中选择A4尺寸。

2. 绘制鞋子块面

点击左侧工具栏 ，选中贝塞尔工具 贝塞尔(B) 线条粗细为1mm 1.0 mm ，图形大小为铺满A4纸张大小。用贝塞尔工具分区绘制鞋子块面（图5-16）。

图5-16　分区绘制图

3. 加入结构线

随后补充内部结构线条（图5-17）。

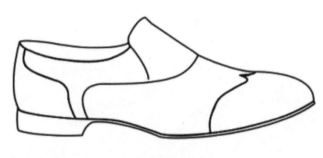

图5-17　线稿完成图

4. 填色

用挑选工具选择要填充的区域，在右侧调色板左键点选目标填充颜色即可（图5-18）。

图5-18　填色步骤

5. 导入面料图片

点击 文件(F) 菜单，选中导入 。从对话框中选中电脑中的素材文件，单击导入。

6. 将面料贴入图形中

（1）选中面料图形后，单击菜单栏中效果 效果(C) ，选择图框精确剪裁—放置在容器中 图框精确剪裁(W) ▶ 放置在容器中(P)... 。出现黑色箭头后，用箭头单击目标填充区域。

（2）按住Ctrl键双击填充过的图形，则进入到填充素材的编辑模式下（图5-19）。

图5-19　填充素材编辑模式

（3）再次按住Ctrl键双击空白区域，即可退出编辑模式。用同样的方法填充鞋子后部区域（图5-20）。

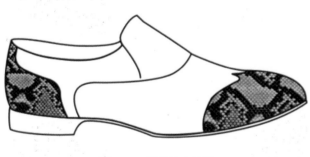

图5-20　填充蛇皮纹样

（4）同样的方法填充鞋身帆布面料（图5-21）。

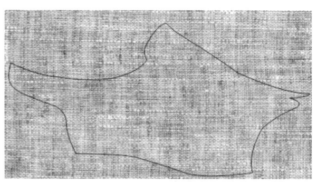

图5-21　填充帆布面料

（5）鞋里填充皮革面料，鞋底填充黑色即可（图5-22）。

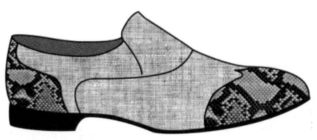

图5-22　完成图

7. 换置面料

按住Ctrl键双击填充过的图形，则进入填充素材的编辑模式。Delete键删除原先的素材图片，同时在编辑模式下导入新的面料即可完成替换（图5-23）。

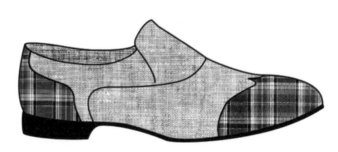

图5-23　面料替换完成图

第二节　Photoshop软件

Photoshop是一个以图像处理为主的软件，将Photoshop运用于鞋靴设计上，不仅可以辅助设计师完成基本图形编辑设计，而且利用其特别的图层样式编辑选项可将设计稿处理得更加真实与丰富。

一、图例一

如图5-24所示的效果图表现步骤如下：

1. 新建文件

打开 Photoshop CS3，单击菜单文件—新建（Ctrl+N），在预设栏中，选择国际标准纸张，大小为A4（图5-25）。

图5-24 完成图例一

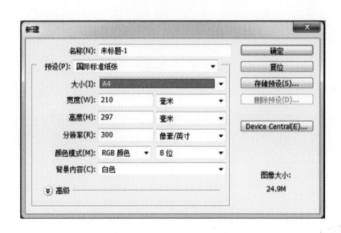

图5-25 新建文件对话框

2. 绘图准备

用钢笔工具 ◊.绘制高跟鞋路径。单击钢笔工具，设置上方工具选项区域如图 。单击鼠标左键开始绘制图形，确定第一点后，再单击确定下一点。保持鼠标左键不松，并拖动鼠标，即可绘制曲线。按住Alt键点击节点，可截断操纵杆，方便绘制下一条线段（图5-26）。

3. 绘制鞋面部分

绘制出鞋面大轮廓，最后一点要画在起始点上，当鼠标左下角显示圆圈图形后单击，闭合图形。按住Ctrl键后变成路径选取工具，点击路径后，即可调整每个节点的位置（图5-27）。

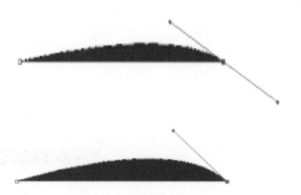

图5-26 钢笔工具使用方法

图5-27 高跟鞋鞋面的绘制

4. 编辑色彩模式

绘制出初步结构图后，在图层面板中选中绘制的图层 ，反键点击图层选择混合选项，勾选渐变叠加，进行设置（图5-28）（数值不绝对）。单击渐变色条 ，选中渐变模式 ，设置渐变颜色（图5-29）。

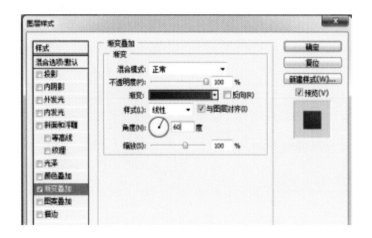

图5-28　渐变叠加模式对话框

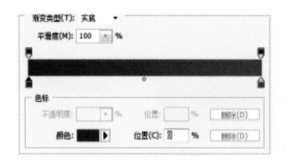

图5-29　渐变编辑器

5．全面调整

用钢笔工具分别调整鞋子的每个部分（图5-30）。

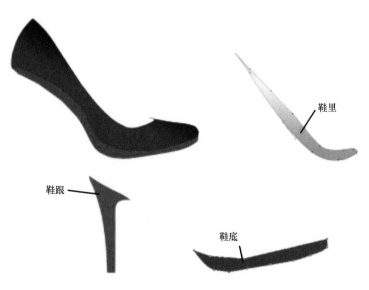

图5-30　绘制高跟鞋各个部分

6. 绘制高光

方法同上，分别绘制出高光1、高光2、高光3（图5-31）。如果要移动图形位置，选中移动工具 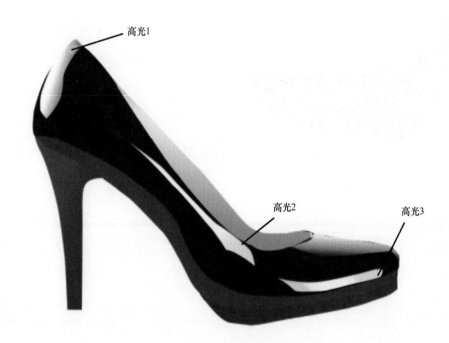，反键单击图形，选中第一项文字，右侧图层工具栏则显示到选中的图层，或者勾选自动选择直接点击 ，即可移动图层，此方法能快速找到想调整的图层。最后将绘制好的高光图层在图层面板中拖动到顶层，保证不被其他图层遮挡，按［Shift+Ctrl+］键，快速使选中的图层置顶。

7. 绘制阴影

进一步强化体积感。点击画笔工具 ，选中画笔模式，挑选柔角画笔，并设置流量，数值较低即可，以便多次调整（图5-32）。

图5-31　绘制高光

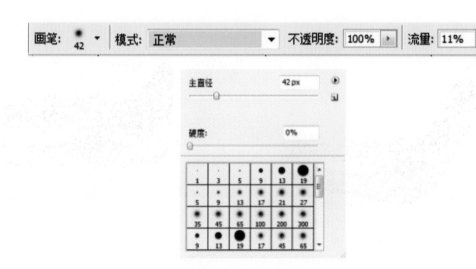

图5-32　选择画笔工具

8. 更换颜色

点击前景色，换成黑色 绘制阴影，选中暗红 绘制受光部。

9. 绘制鞋底

继续用钢笔工具 绘制鞋底黑色部分路径，并用移动工具 选中图层，把图层放置到最后（图5-33）。

图5-33　绘制鞋底

10. 绘制明暗

点击图层面板右下角新建图层按钮 ，新建绘画图层，将画笔绘制的颜色放在新图层上以便调整。点击后出现新的空白图层 。选中后呈蓝色，即可开始绘制明暗（图5-34）。

图5-34　绘制明暗

11. 绘制特殊部位

一些特殊阴影或者重叠部位可以通过在选中

移动工具 的模式下，先选择原有图形，再按住［Alt］键来进行移动复制图形，复制后进行移动重叠。之后在新复制的图层上反键选中混合选项中渐变叠加来调整色泽（图5-35）。

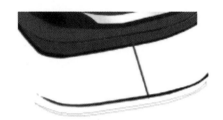

图5-35　绘制特殊部位

12. 调整虚实

选择模糊工具 ，强度80% 。随后选中想要编辑图形图层后，单击会出现如图5-36所示的提示。点击［确认］才可用模糊、加深、减淡等工具改变图形色泽。用左键模糊高光两端（图5-37）。

图5-36　栅格化对话框

图5-37　模糊高光

13. 绘制明线

（1）用钢笔工具 绘制曲线路径（图5-38）。

图5-38　绘制明线一

（2）选中文字工具 T 绘制明线。在文字工具模式下点击路径线条，则变换如图5-39所示，即可将文字输入在路径上。

图5-40　高跟鞋完成稿

二、图例二

图5-39　绘制明线二

图5-41　完成图例二

（3）输入"-"类似与线迹的字体或者符号，调整为合适的字号大小。在图层面板选中文本图层 T ，按［Ctrl+Shift+］键，快速使文本图层置顶，不被遮挡。反键单击文本图层，选择栅格化图层，用来删除路径，编辑虚线。

14. 完成稿

同理绘制鞋里虚线，最后绘制完成后，用［Ctrl+Shift+E］快捷键合并所有图层。可用加深、减淡工具 ，设置降低曝光度数值 来调整，完成图稿（图5-40）。

如图5-41所示的效果图表现步骤如下：

1. 新建文件

打开 Photoshop CS3，单击菜单文件—新建［Ctrl+N］，在预设栏中，选择国际标准纸张，大小为A4（图5-42）。

2. 绘图准备

用钢笔工具 绘制皮鞋路径。单击钢笔工具，设置上方工具选项区域，如图 。可将皮鞋路径分层块绘制，不必一笔绘完大面积区域。绘制的路径确保每一区域闭合，以便后续填色工作。单击鼠标左键开始绘制图形，确定第一点后，再单击确定下一点。此时如保持鼠标左键不松，并拖动鼠标，即可绘制曲线。按住［Alt］键点击节点，

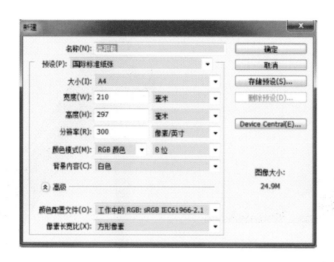

图5-42　新建文件对话框

可截断操纵杆，方便绘制下一条线段（图5-43）。绘制出鞋面大轮廓。最后一点要画在起始点上，当鼠标左下角显示圆圈图形后单击，闭合图形。按住〔Ctrl〕键后鼠标变成路径选取工具 ，即可点击路径后，调整每个节点的位置。

3. **绘制鞋子块面**

图5-43　钢笔工具的使用

在路径面板中选中所画路径 ，再选择画笔工具 ，选择尖角路径（图5-44）后，再在路径面板底部选择用画笔描边路径 ，点击后即

可用画笔给路径上色，绘制轮廓线（图5-45）。

4. **上色**

（1）先新建填色图层（PS中一定要多利用新建图层，将每一绘制部分分别独立打开，方便调整）（图5-46）。

（2）选择魔术棒工具 ，在背景图层背选中

图5-45　皮鞋线稿

图5-44　选择画笔

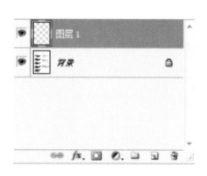

图5-46　图层面板

的情况下，单击要填色的区域，出现移动中的选区虚线，如图5-47所示黑色虚线。此时再选中新建的空白图层，才能将所要填充的颜色填入到空白图层中。

图5-48 填色

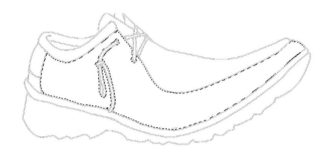

图5-47 创建选取

（2）填充完所有区域色彩后，添加纹理。点击 [滤镜(T)] 工具，选择滤镜库。在滤镜库中选择纹理—纹理化，调整纹理到砂岩模式。并调整工具、凸现数值，在左侧预览中观察（图5-49），调整到皮革纹理程度。

（3）重复步骤调整鞋面所有区域。（在魔术棒工具状态下按住［Shift］键依次点击以同时选中多个图层；按［Alt］键点击选区可以去掉选中图层）。

（4）同上，编辑鞋底部分（图5-50）。调整纹理为画布模式，区分鞋底与皮革（图5-51）。

5. 调整

（1）调整前景色为棕色■。选中油漆桶工具 ，单击选中区域填色。也可用［Alt+Backspace］快捷键填充前景色（图5-48）。

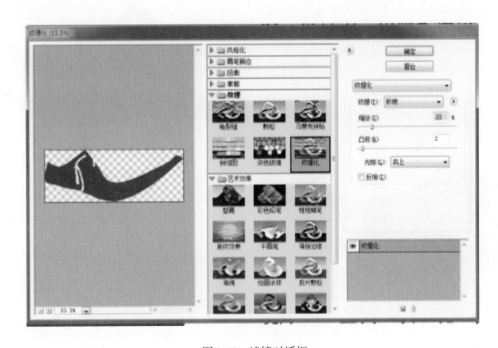

图5-49 滤镜对话框

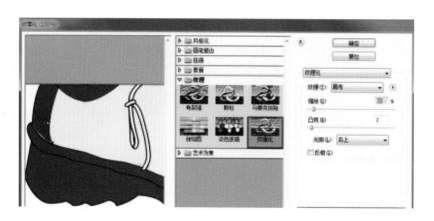

图5-50　纹理化

图5-51　纹理化处理

6. 绘制高光

（1）点击减淡工具 设置画笔选项：选择柔角画笔，选择中间调，降低曝光度数值 。

（2）在要绘制的部位用鼠标点击，来绘制出高光效果（图5-52）。

图5-53　绘制明暗

图5-52　绘制高光

7. 绘制暗部

点击加深工具 绘制暗部（图5-53）。

设置画笔选项： 。

8. 绘制鞋带

用魔术棒工具选中鞋带，按［Ctrl+Shift+J］快捷键，自动将鞋带提取，并抠出到新建图层中 （此图层内部只有选中的鞋带图形）。反键点击图层，选中混合选项，勾选斜面与浮雕，调整高光为浅棕色，设置如图5-54所示。编辑鞋带部分，如图5-55所示。

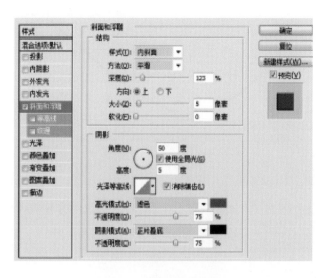

图5-54　混合选项面板

图5-55　绘制鞋带

9. 绘制明线

（1）用钢笔工具 绘制明线的路径（图5-56）。绘制好后，选中文本工具 点击路径，图标变换如图所示。此时输入文字，能使文字贴合路径走向。

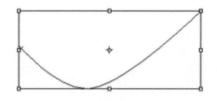

图5-56　字符和段落调板

（2）输入"-"并调整字号大小，点击面板上部的字符和段落调板 ，设置字符字距（图

5-57），绘制明线效果如图5-58所示。

图5-57　绘制明线路径

图5-58　绘制明线

（3）在路径面板中，删除钢笔路径

。

（4）在虚线图层上反键选择混合选项，勾选外发光，调整混合模式为正常，设置如图 5-59所示。

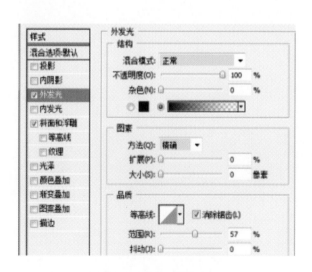

图5-59　混合选项面板

（5）勾选斜面与浮雕，调整样式为浮雕效果，选择高光为白色。调整明线为满意效果位置，具体数值不定（图5-60）。调整如图5-61所示。

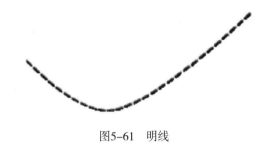

图5-61　明线

10. 完成稿

绘制所有明线图，并用加深、减淡工具

 调整鞋底明暗关系（图5-62）。

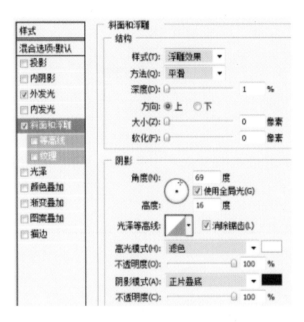

图5-60　混合选项面板

图5-62　完成稿

课后练习：

分别用CorelDRAW软件和Photoshop软件进行鞋靴绘制。

鞋靴设计的创作思维

课题内容： 1. 鞋靴设计的题材与主题

2. 鞋靴设计的灵感

3. 鞋靴的系列化设计

4. 鞋靴的设计风格

课题时间： 8课时

教学要求： 1. 掌握如何根据主题表现鞋靴设计。

2. 学习如何从生活中汲取设计灵感。

3. 学习如何把握设计作品的整体效果。

4. 学习如何体现作品的鲜明特征。

课前准备： 教师需要系统地进行相关信息的收集和设计观念的传达。

第六章 鞋靴设计的创作思维

第一节 鞋靴设计的题材与主题

　　艺术创作是艺术构思和艺术表达的统一体，最后采用作品的形式来体现构思。鞋靴设计是艺术创作与实用功能相结合的设计，设计师必须在对生活的体验与认识的基础上形成创作构思。题材是一个总体概念，主题是一个具体概念，通常是先选取题材，然后再确定主题及表现手段。

一、设计题材

　　鞋靴的设计取材十分广泛，既可以从高科技方面选材，使鞋靴设计充满未来气息，也可以从不同民族地域风情中取材，表现不同的民风民俗，还可以从自然界的方方面面挖掘题材，寻找创作源泉（图6-1）。

图6-1 传统题材

二、设计主题

在众多题材中取其一点，集中表现某一特征，称为主题。主题即设计的中心思想，它既是对鞋靴内容的归纳，也是设计师设计风格的体现（图6-2）。

图6-2　奥运主题

1. 设计主题的选择

为使主题引起足够的共鸣，通常选取一些大家感兴趣的热点话题。随着消费市场的日益成熟，设计主题已成为作品设计的指南针，虽然鞋靴设计的主题包罗万象，但真、善、美依旧是人类永恒的话题。

2. 素材的收集与整理

收集是将同一主题下相关素材的表现形式、手法进行归纳、统一；整理则是一个取优的过程，根据设计的需要，提取相关内容。

3. 设计切入点的把握

这是一个思维、想象、分析的过程。核心元素必须具有代表性，并能和设计进行有机融合，使作品的生命力得到延续、扩张。

4. 设计主题的表现

相关素材的运用与转换是设计主题表现的关键，主题的转化只有通过完善的加工条件、精湛的加工工艺才能充分展示其艺术魅力。某些鞋靴的加工工艺、材料特征、制作方法具有较强的代表性，成为设计中的标志性语言，在鞋靴的主题性设计中起着重要的作用，如各类工艺鞋中的刺绣鞋、钉珠鞋等。

5. 设计主题的完成

首先要求设计作品能清晰、明确地体现设计主题的中心思想；其次能生动自然地将主题融入设计作品中；最后是根据需要，在同一主题下进行系列化的鞋靴创作。

第二节　鞋靴设计的灵感

一、设计灵感的认知

人们以宗教信仰、文化思想、物质生活等为依据，从中得到某种启示，把所提炼出来的"思想物质"作为设计的基本理念。灵感的产生同设计师的个性、经历有关，涉及事物的方方面面，它从实践中获得，并在实践中得以升华。

二、灵感的来源

1. 从大自然中获取

从数千年前人类刚刚进行设计活动的最初阶段开始，就把来源于大自然造型体的形象作为设计的主体形式。人类对自然界的造型体都表现出特有的敬畏感和万般呵护的意识。在古埃及时期，人们就把一些植物、动物奉为神的化身。现代人把自然界中的某些造型作为设计中的基础资料，既是因为崇尚大自然的完美，也是企图用人类特有的造型语言，去诠释被神化了的大自然的内涵（图6-3、图6-4）。

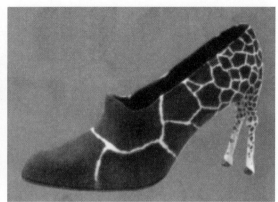

图6-3 灵感来源一

图6-4 灵感来源二

2. 从姊妹艺术中获取

在绘画、建筑设计、室内陈设、产品设计、流行音乐、亚文化、街头艺术以及影视作品中都可以找到时尚的踪影。姊妹艺术中流行的设计元素、表现手法有强烈的时代感，鞋靴设计艺术作为社会生活中的一部分，必须从姊妹艺术中吸收营养，紧跟时代节拍（图6-5）。

3. 从各类资讯中获取

这是最显而易见的信息和设计风格参照点。流行手册通常由专业的设计公司完成，包括背景分

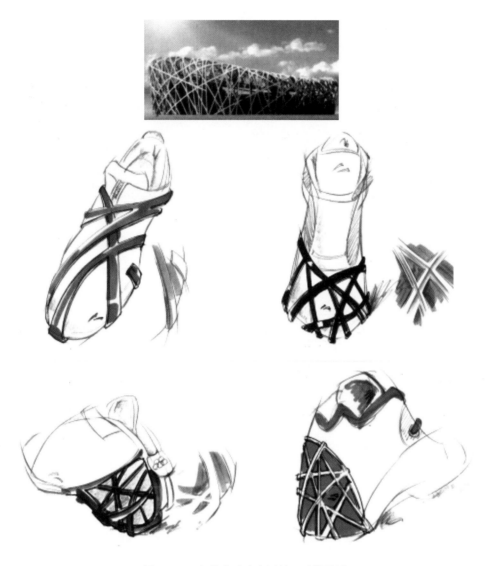

图6-5 以鸟巢为灵感来源的运动鞋设计

析、色彩预测、手稿绘制、细节处理以及启示图例等，具有指导性和实用价值。知名的设计公司有创建于1946年的法国Carlin（卡兰）以及创建于1970年的Peclers Pairs流行资讯公司等。

4. 从时尚发布会中获取

不同类别的流行时尚发布会通常是各行业领军人物的精心之作，会带来许多新的流行元素，是设计师获取设计灵感的重要途径。通过对其他设计师作品的分析、消化，并结合自身品牌的市场定位，进行产品的设计与开发。

5. 从其他各环节中获取

鞋靴从设计到样品制作，期间要经过配件的挑选、面料的改造、细节的处理、图案的设计实验等诸多环节。设计师只有亲自把握各相关环节和每个细节的微妙变化，才有可能激发设计灵感，并从中体会到设计的乐趣。

三、灵感的运用

1. 确定设计要素

在灵感源中挖掘出最具有代表性的设计元素，并能给人以强烈的视觉冲击力及充分的想象空间。设计要素对全盘设计起着指导意义，它使设计中的各相关环节处于一个基调下，相互协调、统一。

2. 对设计要素的再处理

灵感源通常具有初始性特征，虽然它能够给设计提供许多新的想象空间，但并不能简单照搬，必须去粗取精，进行二次设计。包括造型、色彩、材料以及功能性等相关方面。

3. 设计要素的转化

抓住灵感源中的核心要素，并根据表现对象的不同特性及相关要求，按照设计的基本原理将两者有机地结合起来（图6-6）。

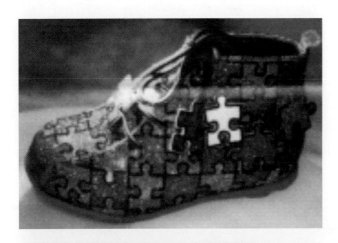

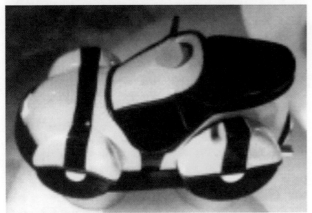

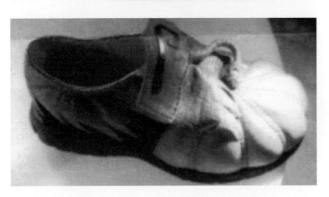

图6-6 以玩具为灵感来源的童鞋设计

四、灵感运用的案例：《水立方》——水蓝色艺术结晶

继"印象北京"、"鸟巢"、"狮王"之后，"水立方"篮球鞋也于2007年9月上旬在全国正式推出。"水立方"篮球鞋采用复古设计，色彩灵感来源于象征奥林匹克五环颜色之一的蓝色。不仅充分利用乔丹的科研力量与技术优势，将对水分子结构的理解演化为更加人性化的产品设计，以更多的直线条突出产品外表如水的宁静，同时融入北京奥运会游泳馆的膜结构表现出内在蕴藏的多变性。后跟TPU材料结合人体工学原理，利用3D球体组成的外部结构能提供最佳保护性能，同时形成极富震撼的视觉冲击力。确切地说，"水立方"篮球鞋的设计就是坚持了奥运的人文关怀，最大限度地在奥运精神与乔丹产品设计理念及其穿着者之间形成最完美的互动式体验（图6-7）。

图6-7 以"水立方"为灵感来源的乔丹运动鞋

第三节　鞋靴的系列化设计

系列化设计是指运用同一元素，对产品进行成组、配套的设计，强调产品的群体性与整体效果，在现代设计中具有重要的意义。

一、鞋靴系列化设计的目的

1. 引导消费潮流

系列化设计是对不同元素的整合与提炼，并以个性鲜明的形象进行展示。因此具有扩大信息媒介的作用，能带给观众强烈的感官刺激，容易形成合力诱发流行，对消费者起着积极的引导作用。

2. 满足不同的消费需求

在主题风格不变的前提下，推出一系列的鞋靴款式，无疑为消费者提供了更多的选择空间。

3. 增强产品的整体感

同一元素的运用是系列化设计的核心，由于产品间有了共同点，因此系列化的设计如同一条纽带一样，将不同的个体有机地结合在一起，使其相映成趣，浑然一体，有效地增强了产品的整体感。

二、如何进行鞋靴系列化设计

1. 以面料为核心元素

选择一到两种材料，并将其应用到系列化的每一个款式中，使其成为连接各鞋靴间的纽带（图6-8）。

图6-8　以面料作为核心元素

2. 以色彩为核心元素

"远看颜色，近看花"。色彩是最先进入人们眼帘的设计要素，是系列化鞋靴设计中最直观、最便捷的方法，有着先入为主的优势。

3. 以造型为核心元素

造型即是产品的形状特征，不同的设计风格，产品的造型也各不相同，因此确定系列化产品的前提是确定产品的设计风格（图6-9）。

图6-9　以造型作为核心元素

4. 以装饰手法为核心元素

新颖别致的装饰手法是鞋靴设计中的亮点，同　一种装饰手法运用于不同的鞋款中，能增加彼此间的系列感（图6-10、图6-11）。

图6-10　以传统装饰手法作为核心元素图例一

图6-11　以传统装饰手法作为核心元素图例二

第四节　鞋靴的设计风格

风格是指在创作中由于题材、加工工艺、材料和个人审美观的不同，作品的形式和内容所具有的鲜明特征。它包含了时代、社会、民族、政治、经济、文化以及个人的素质修养等因素。

一、传统风格

传统风格遵循基本的美学法则，在款式设计、色彩搭配以及材料选择上都有严格的要求，鞋靴具有典雅、高贵、品质优良等特点（图6-12、图6-13）。

二、都市风格

都市风格鞋靴的设计简洁、时尚，并具有较强的功能性。鞋款变化快、流行周期短，适合现代大都市快节奏、高效率的特点（图6-14）。

图6-12　传统风格设计图例一

图6-13　传统风格设计图例二

图6-14　都市风格设计图例

图6-15　休闲风格设计图例

三、休闲风格

　　休闲风格抛弃了传统设计中的条条框框，给人以轻松随意的感觉，是现代鞋靴设计的主流方向（图6-15）。

四、前卫风格

　　前卫风格颠覆了常规的设计法则，强调个性，突出自我。产品的设计具有强烈的震撼力与反叛精神（图6-16）。

图6-16　前卫风格设计图例

五、运动风格

运动风格设计简洁明快，具有较强的功能性与

舒适性，能充分满足现代人走进大自然、追求健康生活的美好愿望（图6-17）。

图6-17　运动风格设计图例

六、民族风格

不同的历史背景、地域条件、人文气息、风俗习惯和文化传统等因素使得每个民族都具有它独一无二的民族风格，而服装、服饰作为一种视觉传达途径，最为直观地表达了独特的民族风格（图6-18）。

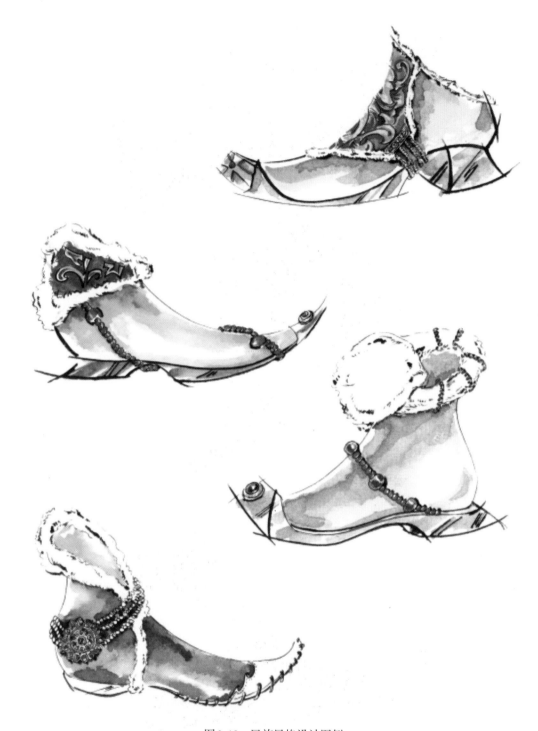

图6-18 民族风格设计图例

课后练习:

根据自己受到生活中某个事物的启发而获得灵感,从而进行同一主题的系列设计。

表达与实践

课题内容： 1. 鞋靴的设计分析

2. 鞋靴的设计步骤

3. 鞋靴的设计实践

课题时间： 12课时

教学要求： 1. 使学生了解鞋靴的市场结构。

2. 使学生了解成品鞋靴的设计流程。

3. 使学生了解鞋靴的生产流程。

课前准备： 收集或拍摄鞋靴设计和生产的相关视频。

第七章　表达与实践

第一节　鞋靴的设计分析

一、市场分析

1. 市场划分

由于市场定位的不同，企业在产品开发、价格区域、销售地点和促销方式上也不相同。例如：18～30岁的女性，虽然她们都很时尚，但职业女性在追求时尚的同时会考虑到自己的工作身份，而刚毕业的女性虽然对时尚的追逐会更加开放，但往往受到经济条件的制约。

2. 形象代言人

根据品牌的市场定位，选择具有代表性的人物作为形象代言人，有利于品牌空间的提升。当消费者接触到该鞋靴品牌时，会联想到品牌形象代言人；而接触到代言人形象后，也会联想到该鞋靴品牌，使品牌与形象代言人之间产生良好的互动关系。

3. 形象产品

一旦决定了产品的市场定位以及形象代言人之后，就要对产品结构进行安排。期间，形象产品的确立将非常重要，它能使客户通过这些特定的产品认识和了解鞋靴品牌的整体状况。通常情况是，每个品牌在每个季节至少要有15%的形象产品。

二、主题判断

1. 主题的基本结构

产品设计的题材与主题如同树木的"枝、干"。"干"是作品的题材，是设计的总体框架；"枝"则是同一题材下延伸出的不同主题，它们在丰富、完善题材的同时还必须符合题材的总体要求。通常，企业会根据自身情况来确定不同数量的设计主题，以满足不同的消费群体，每季推出的主题一般为4～8款（图7-1、图7-2）。

图7-1　设计主题图例一

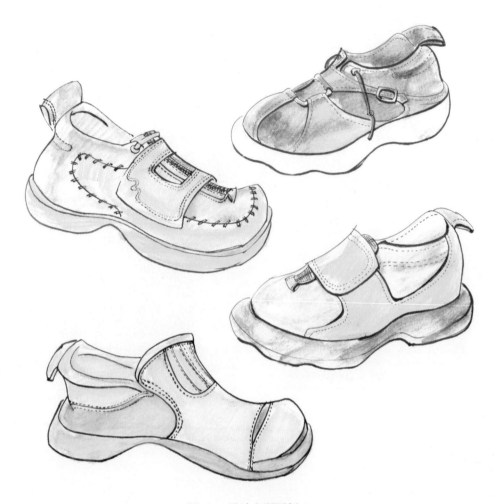

图7-2　设计主题图例二

2. 主题的表现形式

设计作品主题一般以图文结合的形式来表现：图具有直观、明确、煽动性强的特点；文字则可以对设计思想、理念作比较清晰、全面的阐释。

3. 主题的核心元素

每一主题的图文内容都非常精练、概括，并能为设计师提供具有参考价值的素材。包括设计背景、作品风格、款式特点以及材料、工艺、局部装饰等方面。

三、设计的周期

1. 设计准备

当下一季来临之前，将相关人员聚集在一起，分析上一季中哪些属于畅销产品、哪些产品卖得不好，以便确定未来一年的设计重点。之后，设计师要去各种时尚沙龙、博览会等地方，以便捕捉各类流行信息。

2. 时间安排

生产企业通常会根据季节因素将一年划分为春夏、秋冬两季，并根据季节变化作出相应的安排（图7-3）。

春夏季产品开发的时间安排：2月进行色彩、面料等相关设计要素的分析；2～5月完成具体设计方案；6月底展示系列样品；7～9月订货；10～12月组织生产；第二年的1～2月根据订货情况将货品送到各销售点，春夏款的第一批产品要求在2月前上架。

秋冬季产品开发的时间安排：9月进行秋冬款流行趋势的分析；9～11月设计；12月结束样品生产；年底展示第二年秋冬款系列；订货时间在1～3月；4～6月生产大货；7～8月将产品送往各销售网点；8月底上架销售。

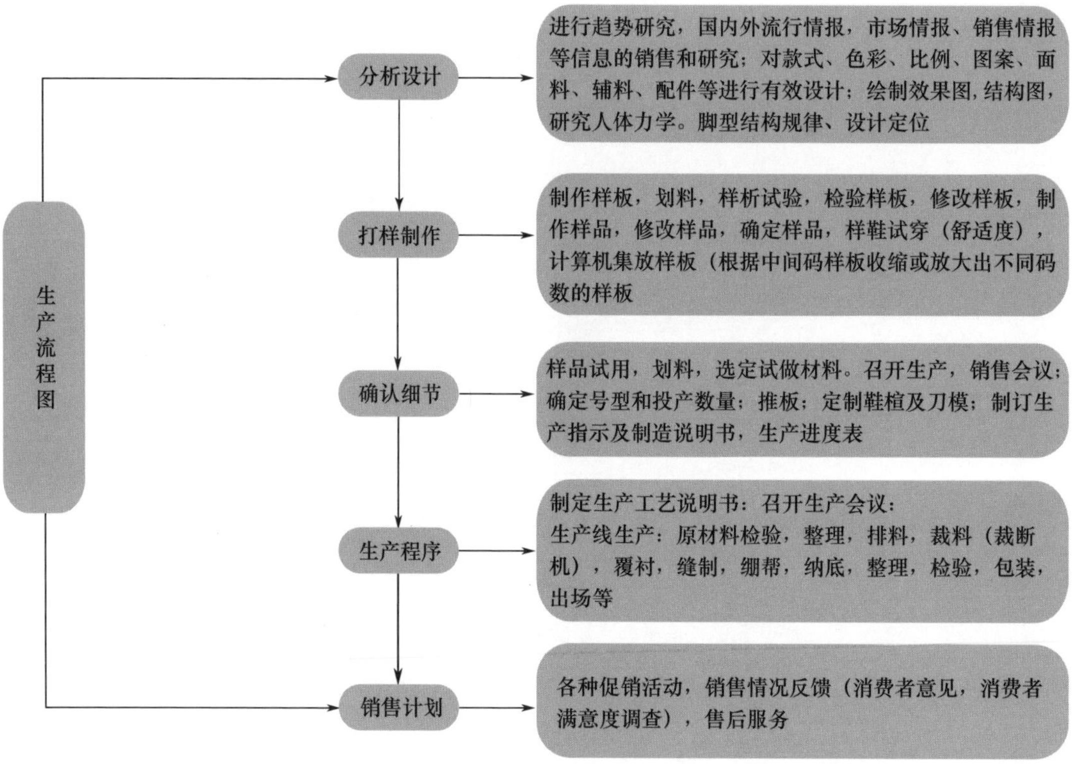

生产流程图	分析设计	进行趋势研究，国内外流行情报，市场情报、销售情报等信息的销售和研究；对款式、色彩、比例、图案、面料、辅料、配件等进行有效设计；绘制效果图，结构图，研究人体力学。脚型结构规律、设计定位
	打样制作	制作样板，划料，样析试验，检验样板，修改样板，制作样品，修改样品，确定样品，样鞋试穿（舒适度），计算机集放样板（根据中间码样板收缩或放大出不同码数的样板
	确认细节	样品试用，划料，选定试做材料。召开生产，销售会议；确定号型和投产数量；推板；定制鞋楦及刀模；制订生产指示及制造说明书，生产进度表
	生产程序	制定生产工艺说明书；召开生产会议；生产线生产：原材料检验，整理，排料，裁料（裁断机），覆衬，缝制，绷帮，纳底，整理，检验，包装，出场等
	销售计划	各种促销活动，销售情况反馈（消费者意见，消费者满意度调查），售后服务

图7-3　生产流程图

四、设计构思图

1. 内容安排

设计全景图类同于设计策划方案书，设计师通常会利用设计全景图指导整个设计室的设计工作。运用全景图的对象包括设计师、打板师、客户和推销人员等（图7-4）。

内容的安排应根据企业的市场定位以及产品风格进行调节，虽然每个全景图的侧重点不同，但内容基本相同，主要包括整体色系、面料小样、核心工艺、产品编号、主要装饰物以及相关的时间安排等。

2. 产品构成

不同类型的公司，产品开发的数量也不相同，一般为60~250款。为体现良好的企业形象，产品的构成也非常重要。

（1）形象产品：占全部产品的15%，使消费者联想到某一具体的鞋靴品牌、形象代言人及其生活方式等。

（2）当季产品：占全部产品的80%，适合当前消费者的审美需求，是企业的主要盈利对象。

（3）前卫设计：占全部产品的5%，满足极少数人的需求，体现公司超前的设计能力。

3. 产品分析

为准确预测下一年度的产品流行趋势，有必要对上季的产品进行总结与评估。继续上一季度中畅销的产品，或通过修改面料、色彩等相关要素，延长产品的生命周期，一个好的产品可以连续销售三年甚至更长时间。

4. 款式设计

在完成色彩、面料以及相关的组织工作之后，就要开展产品的款式设计。在满足品牌客户群需求的前提下，设计师会考虑企业的品牌形象，进行新品开发。

图7-4 设计全景图图例

第二节 鞋靴的设计步骤

一、鞋靴设计室

通常情况下，鞋靴设计室由设计师、样板制作师以及小样工三部分组成。不同的企业在职务设置以及人员数量配置上均有不同，如设计师根据职责以及功能的不同，还可以细分为设计总监、主设计师、设计师、辅助设计师以及设计师助理等。

二、设计流通

设计师在设计好产品后，必须要提供产品的色彩效果图以及款式图，按要求填写样品工艺制作单，并和样板师、小样工及相关人员进行有效沟通，完成从效果图、平面图、技术图、规格表到三维成型的过程（图7-5、图7-6）。

样板师要根据设计师提供的设计方案及相关要求，将鞋靴的每一个裁片用纸板的形式表现出来。对一名成功的样板制作师而言，他的工作比较复杂，涉及的知识面也很广，除了符合款式设计外，还要掌握人体工学以及材料、缝制等有关知识。

　　小样工是根据设计师提供的各类图样资料以及样板师的纸样来完成鞋靴的剪裁及缝制。同时还需要配合填写生产工艺单，提出合理化建议，为大批量生产提供参考。

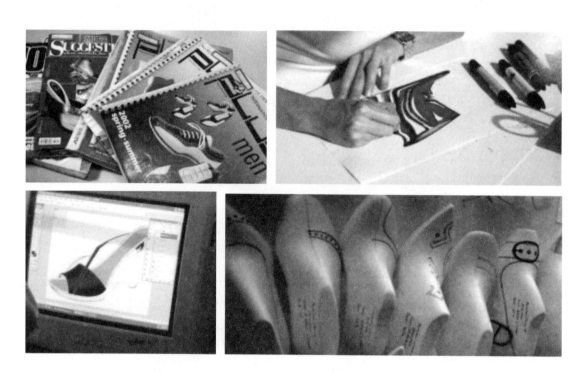

图7-5　设计过程图例一

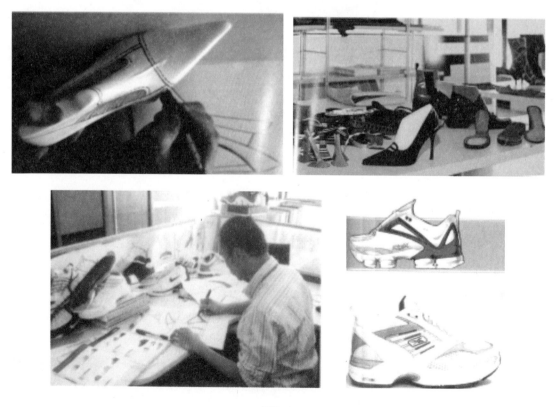

图7-6

图7-6 设计过程图例二（作者：Simon，APRILL等）

三、设计审核

当小样工缝制完样品后，设计师以及样板师首先要对鞋靴的样式、尺寸等各方面进行审核，必要时还应该修改及返工。设计师对样品的认可仅代表设计师的个人观点，是否进行批量生产还需要企业的策划、销售、生产等相关部门从各自的角度认真审核后，才能进入批量生产阶段。

第三节　鞋靴的设计实践

一、生产安排

当样品取得各相关部门的认同后，设计师可进行鞋靴的系列化开发，以丰富产品的类别。接下来的工作则由生产部门负责组织完成，包括制订生产工艺单、号型规格表、确定生产品种、数量以及组织面辅料、相关配件等工作。

二、生产流程

绝大多数鞋靴的生产流程都较为接近：通常是从原材料的检测及整理入手，然后是划匹、裁断等。在完成整体操作后，将裁片分发到各小组进行流水线的生产。以下内容以运动鞋成型操作说明为例进行介绍生产流程。

（1）后跟定型：先热定型，后冷定型，鞋面务必订正，不可歪斜（图7-7）。

（2）拉帮：中底与鞋面号码一致，鞋面内里与中底相对应记号齿对准车制，车线松紧度调适宜，不可使鞋面褶皱（图7-8）。

（3）蒸湿鞋面：对鞋面进行湿化处理（图7-9）。

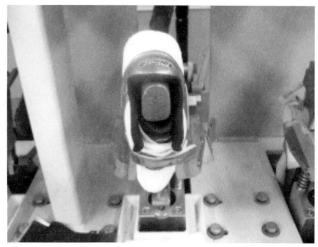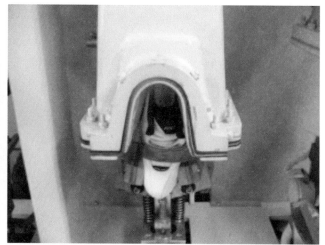

图7-7　后跟定型

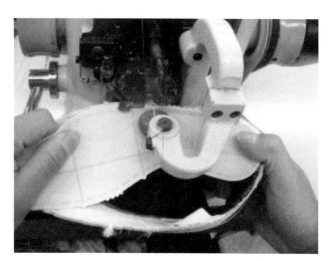

图7-8　拉帮

（4）入楦：鞋面及楦号相对号码须配正确，一次性标准完成动作。入楦须正确到位，鞋头、后跟不可歪斜，注意手势，不可使后跟起皱（图7-10）。

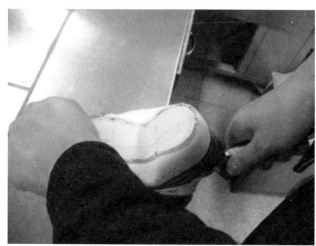

图7-10　入楦

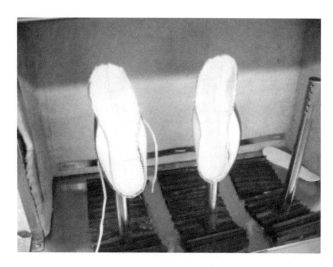

图7-9　蒸湿鞋面

（5）打后帮：注意后跟高度，楦头须放正打平，不可发角，歪斜（图7-11）。

（6）定点、上加硫：依照规格定好鞋头和后跟的贴底高度点，加硫（图7-12）。

（7）打粗、吹灰：打粗时，需沿画线确保到位，不可过高或过低，打粗完后灰吹干净（图7-13）。

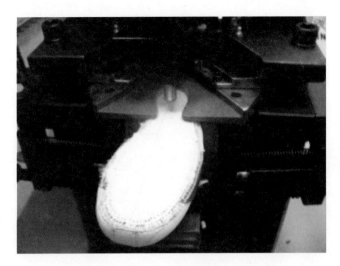

图7-11 打后帮

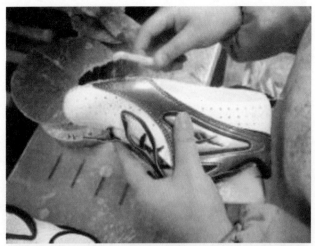

图7-12 定点、上加硫

图7-14 鞋面、大底处理

（9）过烘箱：大底鞋面温度60~65℃，时间为1分30秒（图7-15）。

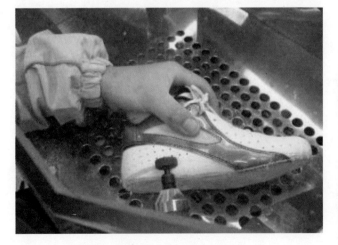

图7-13 打粗、吹灰

（8）鞋面、大底处理：鞋面沿画线一周，大底内墙一周，药水处理到位，不可外溢（图7-14）。

图7-15 过烘箱

（10）鞋面、大底一次上胶：鞋面要将画线打粗线盖住不可积胶、欠胶，胶水到位，鞋面中底要上胶，大底边沿一周不可欠胶、积胶、外溢等，中间要上胶（图7-16）。

图7-17 过烘箱

图7-16 鞋面、大底上胶

（11）过烘箱：大底鞋面温度60～75℃，时间2分30秒（图7-17）。

（12）鞋面、大底二次上胶：按一次胶刷重新盖一遍胶水，一次胶没到位的二次胶补上（图7-18）。

（13）贴底：鞋面大底号码一致，沿胶线贴，前后中心对正，不可歪斜或过高，大底需贴正，不可成波浪状，贴完将线压死，以免开胶（图7-19）。

（14）万能压机：按型体用压机模将鞋子放正，贴底完10秒内进行压机，压完检查是否有压高或压变形（图7-20）。

图7-18 鞋面、大底二次上胶

（15）上冷冻：冷冻前大底清洗干净，过高胶线擦去（图7-21）。

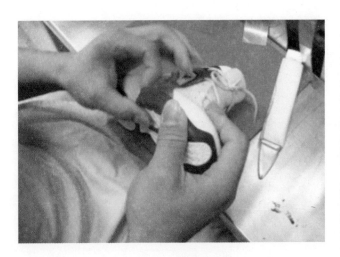

图7-19 贴底

图7-20 万能压机

图7-21 上冷冻

（16）下冷冻：将冷冻箱内流出的鞋子成双配对地拿出，并将鞋带解掉（图7-22）。

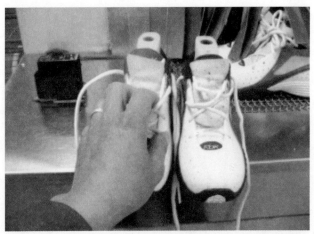

图7-22 下冷冻

（17）拔楦：拔楦使用拔楦机，楦头应从鞋口滑出，不能硬拉，以免使鞋子变形（图7-23）。

图7-23 拔楦

（18）入鞋垫：鞋垫按正确的号码平顺地垫入鞋内，不要有错码、反脚等，要平顺正确（图7-24）。

图7-24 入鞋垫

（19）塞纸团：将纸折成鞋子形状，塞入鞋内，使鞋子成型，不可太少或太多，适当即可（图7-25）。

图7-25 塞纸团

（20）整理、清洁：鞋带外腰、内腰不可错位，适当绑好至鞋眼下方，使用去渍水将鞋面、大底清洗干净（图7-26）。

图7-26 整理、清洁

（21）过检针台：成品检验完后将鞋子平顺放至检针台，流向下游，检测鞋子内是否有金属之类的异物（图7-27）。

（22）贴内盒标、挂吊牌：对照样品鞋，吊牌挂在正确位置，根据鞋子号码配色贴在正确位置，不能歪斜（图7-28）。

图7-27 过检针台

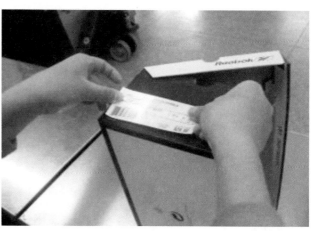

图7-28 贴内盒标、挂吊牌

（23）包装：内盒须放正确，鞋子与内盒号码应一致，用相应包装纸、干燥剂，勿放错，内盒依客户要求包装（图7-29）。

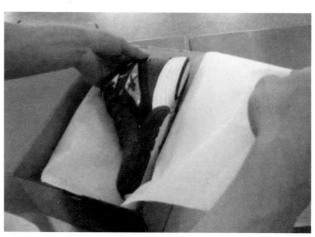

图7-29 包装

制鞋工艺流程单见表7-1。第一步为裁断（表7-2），第二步为针车（表7-3），第三步为绷帮式

工艺流程——绷楦成型（表7-4）或者套楦式工艺流程——套楦成型（表7-5）。

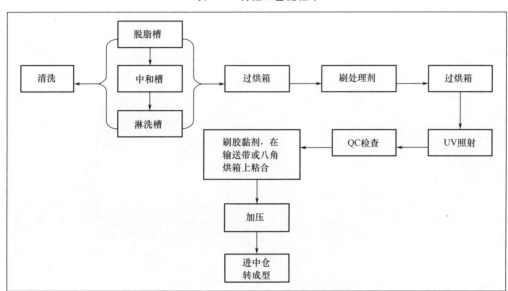

表7-1　制鞋工艺流程单

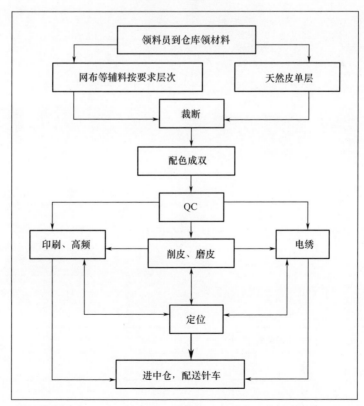

表7-2　裁断

表7-3 针车

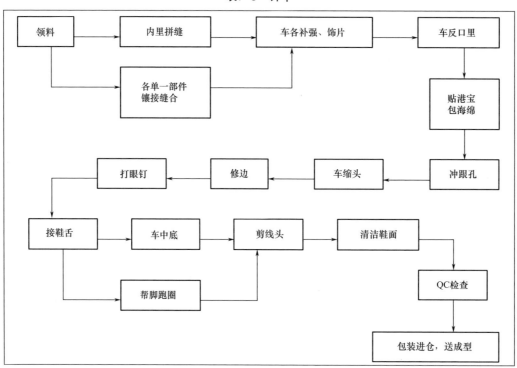

表7-4 绷帮式工艺流程——绷楦成型

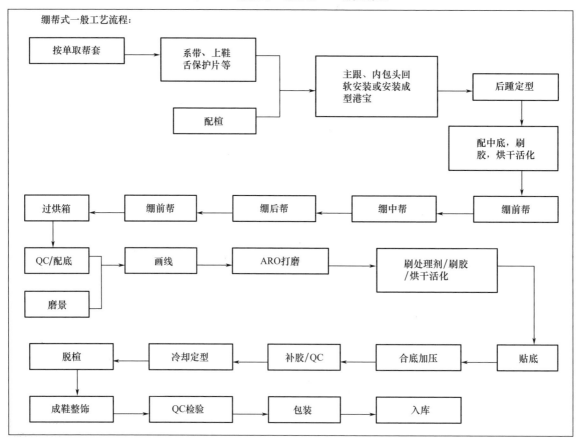

表7-5 套楦式工艺流程——套楦成型

套楦式一般工艺流程：

按单取帮套 → 系带、上鞋舌保护片等 → 主跟、内包头回软安装或安装成型港宝 → 后踵定型

配楦/配中底布 → [系带、上鞋舌保护片等]

后踵定型 → 缩鞋头（鞋头定型）

缩鞋头（鞋头定型） → 拉帮

过烘箱 ← 绷前帮 ← 套楦 ← 鞋头蒸湿 ← 拉帮

过烘箱 → QC/配底 → 画线 → ARO打磨 → 刷处理剂/刷胶/烘干活化

脱楦 ← 冷却定型 ← 补胶/QC ← 合底加压 ← 贴底

刷处理剂/刷胶/烘干活化 → 贴底

脱楦 → 成鞋整饰 → QC检验 → 包装 → 入库

三、产品延续

系列化鞋靴的设计、生产，并不意味着产品运作的结束，对于一个鞋靴品牌而言，企业的整体形象同样非常关键。主要包括：选择不同媒介的广告宣传、确定品牌形象代表、突出品牌形象的包装以及形象店、吊牌等配套产品的设计。由于鞋靴设计师对自身品牌有着更为深刻、独到的见解，因此他们的设计理念能更好地表达出鞋靴的设计内涵，进一步提升客户对品牌的认知度。随着季节的变化，生产商还要随时掌握零售动向，从而最大限度地满足消费者的需求（图7-30）。

图7-30 产品延续范例（乔丹产品的推广）

课后练习：

去相关工厂或单位参观考察不同鞋靴在市场上人群需要和销售情况。

产品案例

课题内容：1．溯溪鞋设计

     2．"潮鞋"设计

     3．时尚女鞋设计

课题时间：9课时

教学要求：1．使学生了解特色鞋靴设计的基本概况。

     2．使学生掌握有鲜明特点的鞋型款式设计。

课前准备：总结科学的设计方法，剖析存在问题，研究对策。教
学前要做好教案准备。

第八章　产品案例

第一节　溯溪鞋设计

一、背景资料

越来越多饱尝都市喧嚣和工作压力的人们，都开始加入户外运动的行列，去寻找生活中疲惫的解脱和一种全身心的释放。零点调查的一项研究报告指出：运动不仅仅是人们积极的休息方式，更体现出乐观进取的生活态度。可见，如今的户外运动已经从一种简单的休闲，上升为一种挑战生活的户外文化。作为一项穷水之源、登山之巅的探险运动，溯溪所涉及的地形复杂多样，因而使得这项运动充满了变数。溯溪者需要去挑战急流险滩、深潭飞瀑，是人类在与自然的融合过程中，借助于现代高科技手段，最大限度地发挥自我潜能，向自身挑战的娱乐体育运动。本节案例来自诚达041班毕业设计作品。

二、产品定位

传统意义上的休闲已经不是溯溪运动长久不衰的理由，个性与理性的矛盾冲击更赋予了这项运动真实的内涵。职场、事业、年龄、形象成为禁锢人类心灵的枷锁，终于，内心深处不羁的性格被自由引爆，一个新的群体诞生。他们多为希望通过运动放松心情，树立自信以及进一步开发潜能的男性白领。

三、灵感来源

溯溪运动不仅在本质上符合了海洋霸主大鲨鱼唯我独尊、独步天下的性格特点。在鞋靴的造型设计上更有许多可取之处：独特流线型的鞋身、前帮面上鳃形的暗槽以及青鲨、白鲨的泛光颜色，都是溯溪鞋设计的灵感来源（图8-1、图8-2）。

图8-1　灵感来源图例一

图8-2　灵感来源图例二

四、效果图、结构图的表现

效果图是设计师设计思想平面化的具体体现，能清晰地反映产品的外观造型、色彩以及材料等诸多要素，具有实用性与艺术性相结合的特点。结构图是为打板师提供的技术参考图纸，因此必须准确、清晰（图8-3）。

图8-3　效果图图例（作者：申志卫 等）

五、要点分析

首先，溯溪鞋在鞋型的设计上吸收了旅游鞋、运动鞋的特点，增强了对脚踝和脚背的保护功能。增大型的鞋舌设计与鞋面连为一体，更好地防止碎石的钻入。其次采用了短纤维增强型发泡橡胶新材料及独特的防滑底纹，不仅减轻了鞋的重量，而且结实耐用，对付各类型的石头地面是其强项。最后是在帮面两侧各设计了三个鱼鳃型排水槽，并在鞋底内侧增加了三个排水孔，可以更快排水，提高了溯溪鞋的舒适度（图8-4）。

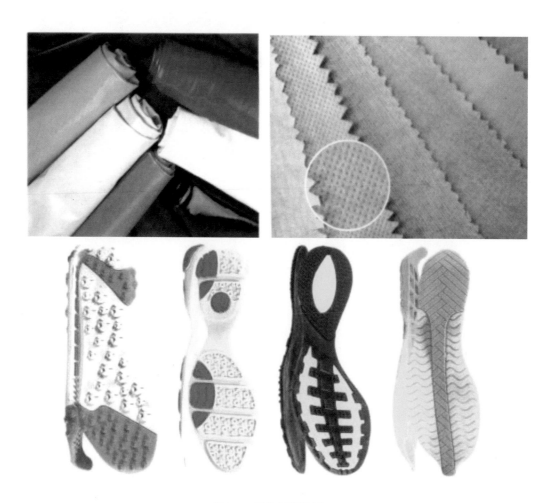

图8-4 材料组织图例

六、设计评介

溯溪鞋的款式设计新颖而不夸张，追求个性而深谙内敛之道，强调产品的功能性以及细节的设计。材料的选择是溯溪鞋的关键所在，高强度、耐磨的超轻材料以及精湛的缝制工艺是溯溪鞋优良品质的保证。

七、相关材料的组织

材料的组织是设计实施的重要环节，它不仅是完善设计的有力支撑，同时还直接影响设计路线。对鞋靴而言，相关材料主要包括鞋帮面、鞋底、内衬以及相关的工艺条件和手段。

八、设计实施

设计实施是鞋靴设计的完成阶段，优良的设计实施方案以及完善的加工条件能为设计的顺利完成提供有力的保障（图8-5）。

图8-5　实地考察

九、设计宣传

设计宣传是产品宣传的延续与提升，将有形的产品赋予无限的想象空间，它是产品设计中不可或缺的环节。设计宣传工作具有较强的专业性，有自身的运作模式及规律，除常规的产品展示、价格促销外，还涉及新兴媒体促销。例如，将Macromedia Director用于交互式项目，用Adobe Premiere和 After Effects制作解说性录像片等，所有这些都具有复杂的视觉效果，非常利于视觉的推销（图8-6）。

图8-6　产品展示

第二节 "潮鞋"设计

一、背景资料

关于"潮流",仁者见仁,智者见智。通过对"潮鞋"者的探访,我们或许可以洞察到潮流的另一面:

"潮流就是代表一个时代的符号,潮流就是时代的象征!对我来说"潮"是年轻的!潮流就和字表面一样,它是水,它的流速很快,很自由、很刺激……影响过我最大的潮流元素就是滑板、音乐、电影、漫画等,因为这些是我生活里的东西,这些就是这个时代的元素,就是潮流的元素!"

"一种生活态度。所谓'潮'不光是指外在的,而是包括精神的层面,'潮人'应该愿意接受新事物,吸收新事物。"

"潮流就是自己的生活、自己的想法、自己的创造。"

二、产品定位

"思想决定态度",对"潮鞋"者而言,拥有一颗年轻的心最关键,它可以跨越一切障碍:语言、年龄、性别、金钱……

三、产品分析

一种勇于挑战自我和冒险精神的文化内核,建立了"户外、自由、野性"的现代西部牛仔精神,是艺术的生活化、市井化的具体显现。通过涂鸦、手绘这些最原始、草根的手法来强调自我、彰显个性,完成了化茧成蝶的心路(图8-7)。

图8-7 表现手法

四、灵感来源

国际化、民族化、混搭、POP、欧普艺术、1960年代、滑板以及街头艺术等,通过涂鸦的形式展示亚文化风采。

五、设计要点

首先是如何正确理解对传统"潮鞋"外观造型的继承与突破;其次是"潮鞋"的装饰设计,包括帆布鞋面的改造、传统的波纹型鞋底、马克线迹、标牌以及图案的设计及表现手法等(图8-8)。

图8-8　设计要点

六、效果图、结构图的表现

　　"潮鞋"效果图与结构图的表现形式、手法和其他鞋类完全相同。需要注意的是，"潮鞋"的鞋面多以图案形式出现，因此图案的描绘成为"潮鞋"的表现重点。

七、设计宣传

　　"潮鞋"的本质已经决定了它有别于其他鞋靴的设计宣传模式。从媒体选择、表现手法到货品包装及陈列都必须具有亚文化特质，以展示"潮人"风采（图8-9）。

图8-9　设计展示

第三节　时尚女鞋设计

一、背景资料

她们对美丽有着执著的追求，对生活品位、细节高度敏感。体味流行而不盲目追逐，对时尚有着自己独到的见解。在她们身上看不到流行的痕迹，却能体会到另一种独属于她们的个人魅力，她们是时尚的弄潮儿，更是时尚的观潮者。

二、产品定位

为有一定经济能力、有思想、有时间的女人提供高品位的设计。她们通常是职场精英、自由职业者、"漂一族"以及艺术从业人员等（图8-10）。

图8-10　产品定位

三、产品分析

流行而不从众，个性而不另类。赋予了设计真实的生命，使产品充满灵性。简洁洗练的外轮廓、曲直得体的线条、低纯度的高级灰，结合精美的手工艺术，散发出浓郁的艺术气息。

四、灵感来源

时间轻拂了历史的面纱，设计师探询着前人留下的痕迹，每一处都成为诱发设计的因子。民族化与地域性更成为现代设计的风向标，在习惯了国际化、共通性的背景下，区域元素走到了时尚的前台。

五、设计要点

高级灰以及低纯度的色彩是设计的首选，材料及做工是设计中的必备要素，它不仅是优良品质的保证，还将设计师、工艺师、产品以及受众者融合为一体，给人以心灵的慰藉（图8-11）。

六、效果图、结构图的表现

通过线条的轻重缓急、光影的交错变幻以及彩墨的虚实浓淡等效果图特有的语言，来阐释时尚女鞋的内在特质（图8-12）。

图8-11　设计要点

图8-12　效果图例

七、设计宣传

　　橱窗整体色彩采用灰和白两种颜色进行搭配，体现其简约的设计风格。另外，鞋靴展示的颜色上，以素色调为主，以鲜艳色彩的局部配饰为点缀，给人以明快、清爽的感觉，符合产品所追求的时尚、不流于大众、彰显个性、特立独行、简约、大气的风格。

课后练习：

　　1. 了解风格设计的重要性。

　　2. 练习特色款式的鞋靴设计。

表现技法范例

课题内容： 1. 写生稿

2. 线描稿

3. 调子稿

4. 构思稿

5. 效果图

课题时间： 2课时

教学要求： 1. 使学生充分认识鞋靴表现的绘图种类。

2. 使学生了解鞋靴设计者的创作意图。

3. 使学生从中学习到鞋靴设计绘图的多样性。

课前准备： 准备好相关绘图工具和材料，认真观察实物并深入理解对象。

第九章 表现技法范例

第一节 写生稿

写生是一种直接对对象的描绘方式，是绘图的一种必要手段。它为学生观察、分析、了解鞋靴的基本结构和特征打下坚实基础，帮助学习者更深入理解和尊重实际对象（图9-1）。

图9-1 鞋靴写生稿

第二节　线描稿

线描稿是指运用常用的铅笔、钢笔等绘图工具，对脑中构思的鞋靴款式用线的形式进行勾勒。这种方法能够简洁明了地表达物象（图9-2、图9-3）。

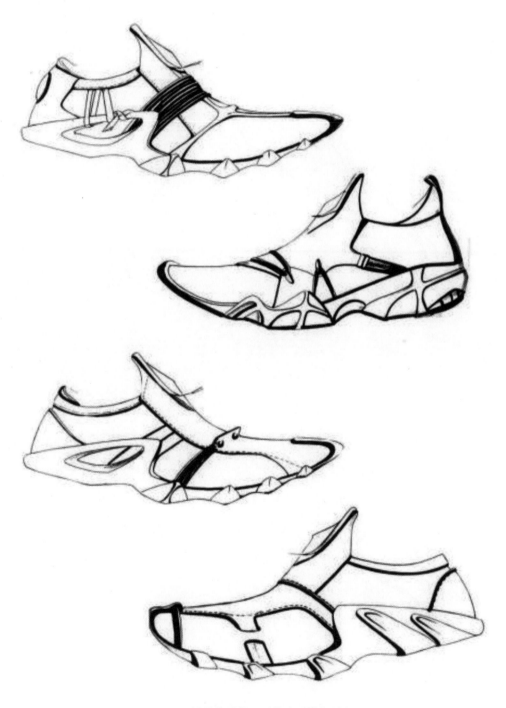

图9-2　线描稿图例一（作者：洪友平）

图9-3 线描稿图例二

第三节　调子稿

调子稿是在线描稿的基础上对鞋靴款式效果的深入描绘，这种手法使得设计稿的黑白灰关系更为明确，对材料的刻画更为清晰明了，同时也训练了学习者的造型能力（图9-4、图9-5）。

图9-4　调子稿图例一

图9-5 调子稿图例二

第四节 构思稿

构思稿是对作品的快速记录，主要体现在"快"上。是在铅笔、钢笔画的底稿上运用马克笔、彩色铅笔等相关工具进行快速记录和描绘（图9-6～图9-11）。

图9-6　构思稿图例一

图9-7　构思稿图例二

图9-8 构思稿图例三

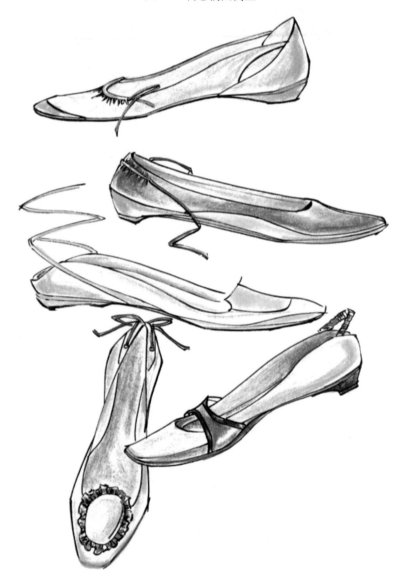

图9-9 构思稿图例四

图9-10　构思稿图例五

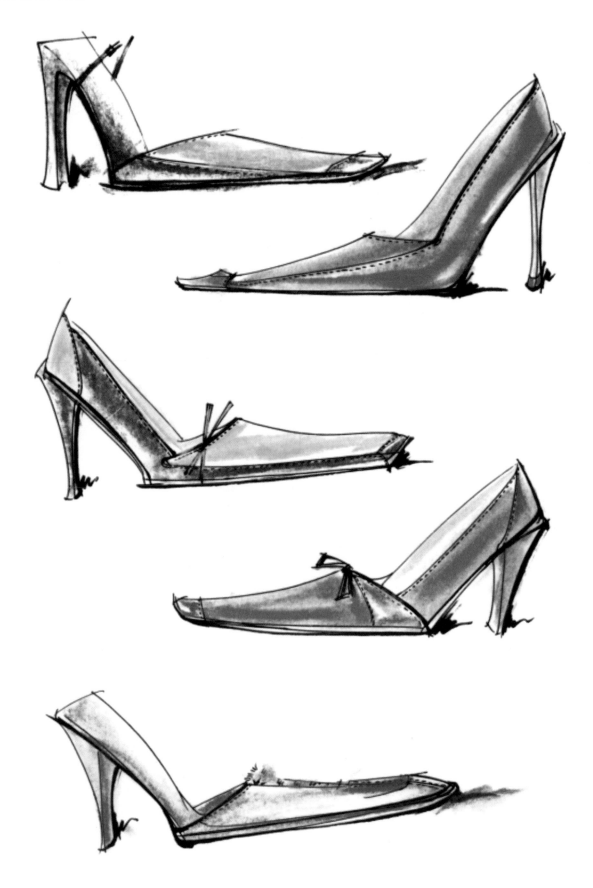

图9-11 构思稿图例六

第五节　效果图

效果图是在线描稿、色调稿以及构思稿基础上的提升，它能够充分体现设计师的创作意图，设计者可以将多种绘画工具结合使用，详尽地表达设计款式的各个部位（图9-12～图9-20）。

图9-12　效果图稿图例一

图9-13　效果图稿图例二

图9-14　效果图稿图例三

图9-15　效果图稿图例四

图9-16 效果图稿图例五

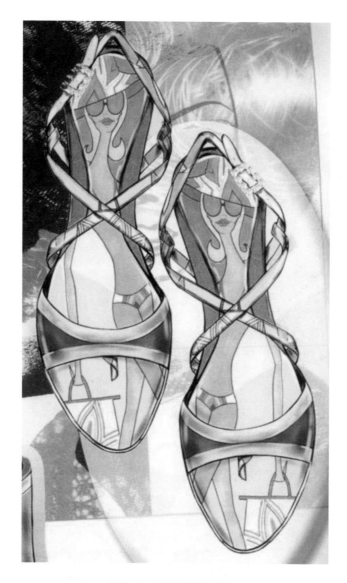

图9-17　效果图稿图例六

图9-18　效果图稿图例七

图9-19 效果图稿图例八（作者：徐贤敏）

图9-20　效果图稿图例九

课后练习：

1．尝试运用铅笔、钢笔、水彩、水粉、马克笔等工具对实物进行描绘和记录。

2．注重细节描绘，尽可能详尽地表达款式。

参 考 文 献

[1] 王小雷. 鞋靴设计与表现[M]. 北京：中国轻工业出版社，2008.

[2] 田正，崔同战. 鞋靴样板设计与制作[M]. 北京：高等教育出版社，2009.

[3] 李嘉芝，彭艳艳. 鞋类艺术设计[M]. 杭州：浙江大学出版社，2011.

[4] 范红香. Photoshop鞋靴设计与配色[M]. 北京：中国纺织出版社，2009.

[5] Tali Edut, Edut Ophira. Shoestrology: Discover Your Birthday Shoe[M]. Potter Style, 2012.09

[6] 赵妍. 品牌鞋靴产品策划：从创意到产品[M]. 北京：中国纺织出版社，2012.

[7] Jessica Jones. Shoe Love: In Pop-Up[M]. Thunder Bay Press, 2010.

[8] Caroline Cox. Vintage Shoes[M]. Harper Design, 2011.3